固体物理学序論

佐々木 隆

化学系、材料系の学生のために

大学教育出版

はしがき

　固体物理学は文字通り固体物質の物理を扱う学問であり，物性物理とよばれる学問の重要な1分野である．その具体的な内容は，有名なC. Kittelの教科書Introduction to Solid Sate Physicsに代表されるように，金属，半導体，絶縁体の結晶構造や電子構造に由来するさまざまな物性を扱うのが主流である．近年，さまざまな機能性新素材が台頭してくる中で，このような固体物理学の知識は，物理系のみならず有機材料，無機材料，高分子材料などを扱う化学系や材料系の研究分野でも不可欠なものとなってきている．今後，化学系の学生に対しても学部の段階からある程度固体物理学の教育を行うことがますます重要となるだろう．ところで，現在多数の固体物理学の教科書が出版されているが，ほとんどが物理系の学生を対象としたものであり，量子力学や統計力学の知識が乏しい化学系の学生にとってはかなり難解である．著者は化学系や材料系の学生を対象としたより平易な固体物理学の教科書の必要性を感じてきた．本書は，著者が福井大学工学部材料開発工学科の3年生を対象に行っている講義「固体物理学」の教材として執筆したものである．内容は，化学系の学生でも理解できるよう固体物理学の最も基礎的な部分に限定するとともに，学生が独習できるよう丁寧な説明を加えた．また，Kronig-Penneyモデルのような複雑な計算を要するものは省いた．量子論については，必要最小限の事項に限って第1章に解説した．これはあくまでも補助的なものであって，読者には本格的な教科書などでさらに深く学習されることをお勧めする．また固体の結合論に関しては，化学系の学科では物理化学の授業で扱うのが一般的であるので本書では一切割愛した．最後に，本書の執筆にあたって有益なコメントをいただいた福井大学の入江聡先生に感謝の意を表する．

2008年1月

佐々木　隆

固体物理学序論
── 化学系，材料系の学生のために ──

目　次

はしがき ··· 1

1 量子論 ··· 7
1.1 物質波と波動関数　7
1.2 Schrödinger 方程式　9
1.3 一次元井戸型ポテンシャル中の粒子　13
1.4 量子統計力学　14

2 結晶構造 ·· 16
2.1 単位格子　16
2.2 対称操作　18
2.3 Bravais 格子　19
2.4 Miller 指数　22
2.5 いろいろな結晶構造　24
演習問題　28

3 逆格子と波の回折 ··· 30
3.1 Bragg の反射条件　30
3.2 逆格子ベクトル　31
3.3 実格子の Fourier 級数展開　33
3.4 逆格子と波の散乱　34
3.5 構造因子と原子散乱因子　39
演習問題　41

4 結晶の熱的性質 ·· 42
4.1 固体の熱容量と Einstein モデル　42
4.2 単原子結晶の格子振動　45
4.3 ２種類の原子を含む結晶の格子振動　49
4.4 Debye モデルによる熱容量　52
4.5 熱伝導　52
演習問題　54

5 自由電子気体 ·· 56
5.1 三次元金属中の自由電子　56
5.2 Fermi-Dirac 分布関数　61
5.3 自由電子気体の熱容量　62

    5.4 電気伝導　*63*
    演習問題　*65*

6　バンド理論……………………………………………………………… *67*
    6.1 バンド構造　*67*
    6.2 Bloch 関数　*70*
    6.3 絶縁体と金属　*71*
    6.4 外部電場のもとでの結晶内の電子の挙動　*73*
    6.5 半導体　*77*
    演習問題　*82*

参考書……………………………………………………………………… *84*
基本物理定数の値………………………………………………………… *86*
索引………………………………………………………………………… *87*

1
量子論

固体物理学（solid state physics）を学ぶ上で量子力学（quantum mechanics）の知識は必要不可欠である．この章では，固体物理学の本論に先立って量子論（quantum theory）にあまり馴染みのない読者のために，本書の内容を理解する上で特に必要と思われる量子論の基礎的事項の解説を行う．

1.1 物質波と波動関数

光は回折や干渉といった波動に特有の現象を示す一方で，光電効果などのような粒子に特有の挙動も示す．このような二重性を説明するには量子論の導入が必要である．光を**光子**（photon）という粒子とみなすと，光子 1 個のエネルギー ε は

$$\varepsilon = h\nu \tag{1.1}$$

であらわされる．ここに，ν は光の振動数（frequency），h は Planck 定数（Planck constant）である．また，光速を c とすると光子の運動量（momentum）の大きさ p は

$$p = h\nu/c \tag{1.2}$$

または

$$p = h/\lambda \tag{1.3}$$

である．ここに λ は光の波長（wavelength）であり，$\lambda = c/\nu$ である．これらの関係式は粒子的な量である p を波動的な量である λ や ν と結びつけるものであり，粒子性と波動性との関係を示すものといえる．ここで，**角振動数**（angular frequency）$\omega = 2\pi\nu$ と**波数**（wave number）$k = 2\pi/\lambda$ を用いると，

$$\varepsilon = h\omega/2\pi = \hbar\omega \quad (\hbar = h/2\pi) \tag{1.4}$$

$$p = \hbar k \tag{1.5}$$

となる．

電子や中性子など光子以外の素粒子についても，粒子と波動の二重性をもつことが知られている．一般にこのような波を **de Broglie**（ド・ブロイ）**波**（de Broglie wave），または**物質波**（material wave）とよぶ．運動量 p の粒子の de Broglie 波の波長は

$$\lambda = h/p \tag{1.6}$$

となる．

　さて，上記のような二重性をもつ粒子（波）の状態は**波動関数**（wavefunction）または**Schrödinger 関数**（Schrödinger function）とよばれる $\psi(\mathbf{r}, t)$ であらわされる．$\psi(\mathbf{r}, t)$ はその粒子の量子力学的状態をあらわすものである．その粒子が空間的にどのように分布しているか（存在確率）や，その時間変化は $\psi(\mathbf{r}, t)$ を用いてあらわされる．ここで，de Broglie 波のような量子力学的な波動は通常の力学的な波動とは本質的に異なることに注意しなければならない．力学的な波は，第 4 章で扱う格子振動のように実験的に観測できる物理量の振動から生じるが，物質波の場合，振動そのものは実験的に観測できない量であり，後でみるようにその波動関数の振幅は複素数であらわされる．

　ところで，粒子性と波動性の両方を兼ね備えているというのはどう理解すればよいのだろうか？　そのためにはわれわれの日常観察する巨視的な粒子に対する感覚を捨て去らねばならない．例えば，投げ出された野球のボールの軌跡（各時刻における位置と速度）についてはその全貌をわれわれは観測できると考えている（例えば高速度カメラで撮影すればよい）．ところが，光子や電子のような微視的な粒子の場合はそうはいかない．例えば，水素原子内の電子のある瞬間における位置と速度（運動量）を厳密に決定することはできない．ここで，光子を電子に当ててその反射の具合から電子の位置を測定する方法を考えよう．電子も光子も波動性をもっているため，測定結果は原理的にある程度の不確定性を含むことになる．位置を測定された電子は，光子に衝突されたためその状態が変化するが，電子の位置が不確定さをもっている以上その変化の仕方もある程度の不確定さを含むことになる．それゆえ，衝突した瞬間の電子の運動量を厳密に決定することはできないのである．結局，電子の位置や運動量の測定を行ったとき，ある値が得られる確率がどのぐらいあるか，さらにまたその期待値はいくらかという議論しかできないことになる．量子力学は，このような議論をもとに組み立てられており，観測（実験）を行ったときにその結果がどうなるかを扱う理論であるといえる．したがって，観測を行わなかったときにどうであったかについてはまったく何も言うことはできない．むしろ観測を行わなかったときにどうだったかなどということを考えるのは，実験的に観測できない架空の事柄についての議論であり，物理学の立場からは意味がないと考えるべきであろう．

　以上の議論から，粒子性（位置や運動量）というものはそれを粒子として観測したときにはじめて現れるものであり，波として観測すれば（例えば干渉の実験など）結果として波動性があらわれると考えることができる．このように，どのような観測を行うかで対象物の状態が異なり，観測結果も異なることになる．粒子と波動の二重性はこのようにして発現する．

さて，このように電子の位置や運動量の測定結果はある程度の不確定さを含むが，Heisenberg の思考実験によると，それらの不確定さの積 $\Delta x\, \Delta p$ は Planck 定数程度の大きさ（6.63×10^{-34} J s）であることが明らかになった．より正確には，$\Delta x\, \Delta p \geq \hbar/2$ である．これを **Heisenberg の不確定性原理**（Heisenberg uncertainty principle）という．Planck 定数の大きさがきわめて小さいことを考えると，不確定さは巨視的なボールでは無視できるぐらい小さいが，電子のようなミクロな粒子では大きな効果（量子効果）となってあらわれることになる．

水素原子内の電子の位置の測定をたくさんの水素原子について繰り返すと，原子核の付近に多く見いだされ，原子核から離れるにつれて見いだされにくくなる．これは，電子の存在確率は空間中にある偏りをもって分布していることを示している．量子力学では，このような電子の存在確率の分布を波動関数 $\psi(\mathbf{r}, t)$ により計算することができる．波動関数がもつ重要な物理的意味は，**時刻 t において位置 (x, y, z) を含む微小領域 $dxdydz$ 内に電子を見いだす確率は $|\psi(\mathbf{r}, t)|^2 \, dxdydz$ に比例する** ということである．さらに，波動関数がわかれば運動量やエネルギーなどの他の物理量の期待値も計算することができる．

1.2 Schrödinger 方程式

ここでは波動関数 $\psi(\mathbf{r}, t)$ の従うべき方程式について述べる．まず，x 方向に進む一次元の波を考えよう．その波動関数 ψ_1 は

$$\psi_1 = A_1 \cos(kx - \omega t + \delta) \tag{1.7}$$

である．ここに δ は初期位相であり，波の進む速度は $v = \omega/k = \lambda \nu$ である．一般に，三次元の波の場合は波動関数は

$$\psi_1 = A_1 \cos(\mathbf{k} \cdot \mathbf{r} - \omega t + \delta) \tag{1.8}$$

となる．ここに **k** は**波数ベクトル**または**波動ベクトル**（wave vector）とよばれ，その向きは波の進行方向をあらわす．また，$\mathbf{r} = (x, y, z)$ は空間内の位置をあらわすベクトルである．(1.8) 式の波は **k** に垂直な波面をもっており，その角振動数は ω，波長は $\lambda = 2\pi/k$ である．この波の波面は $\mathbf{k} \cdot \mathbf{r} = kr\cos\theta = C$（$C$ は定数）を満たす平面であり，図 1-1 に示すようにこの平面は **k** に対して垂直である（r はベクトル **r** の大きさである）．このような波を一般に**平面波**（plane wave）という．平面波を進行方向に垂直な面で受けたとき，その面内では常に同位相の振動が観測される．このような平面波は空間内の場所に依らず一様な振幅で伝播する．したがって，波動関数が平面波である粒子（電子）は，空間内に一様な存在確率をもつ自由粒子（自由電子）に対応すると考えられる．第 5 章では，金属中の自由電子をこのような平面波として扱うことになる．

ところが，以上のように自由粒子の波動関数が平面波 (1.8) 式であるとして粒子の存在確

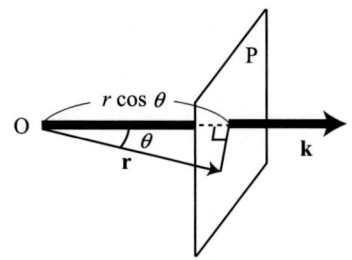

図 1-1 波面 P をもつ波数ベクトル **k** の平面波．原点 O から波面 P へおろした垂線の長さは $r\cos\theta$ となるので，**k** が一定であれば，波面 P 上の点 **r** について $kr\cos\theta$ は一定となる．

率 $|\psi(\mathbf{r},t)|^2$ を計算すると，**r** に関して振動してしまう，すなわち存在確率が場所に依存することになってしまい不都合である．そこで，波動関数を

$$\psi = A_1 \exp[i(\mathbf{k}\cdot\mathbf{r}-\omega t+\delta)] = A\exp[i(\mathbf{k}\cdot\mathbf{r}-\omega t)] \tag{1.9}$$

のように複素関数であらわすことにする．ただし，

$$A = A_1 \exp(i\delta) \tag{1.10}$$

とおいた．公式 $e^{i\alpha} = \cos\alpha + i\sin\alpha$ より，ψ の実数部分が ψ_1 になっていることがわかる．この場合，粒子の存在確率は

$$|\psi|^2 = \psi^*\psi = A^2[\cos^2(\mathbf{k}\cdot\mathbf{r}-\omega t) + \sin^2(\mathbf{k}\cdot\mathbf{r}-\omega t)] = A^2 \tag{1.11}$$

のように空間内の場所に依らず一定となり好都合である．ここに，$*$ は共役複素数をあらわす．このようにして，波動関数を複素関数とすることにより，$|\psi(\mathbf{r},t)|^2$ が粒子の存在確率をあらわすように理論を組み立てることができる．以下では，(1.9) をわれわれの波動関数として採用することにする．

(1.9) 式を時間で微分すると，ただちに次式が成り立つことがわかる．

$$i\hbar\frac{\partial\psi}{\partial t} = \hbar\omega\psi \tag{1.12}$$

また，**k** の成分を k_x, k_y, k_z として，(1.9) 式を x, y, z でそれぞれ微分すると，

$$\begin{cases} -i\hbar\dfrac{\partial\psi}{\partial x} = \hbar k_x\psi \\ -i\hbar\dfrac{\partial\psi}{\partial y} = \hbar k_y\psi \\ -i\hbar\dfrac{\partial\psi}{\partial z} = \hbar k_z\psi \end{cases} \tag{1.13}$$

すなわち，

$$-i\hbar\nabla\psi = \hbar\mathbf{k}\psi \tag{1.14}$$

となる．ここに ∇ は微分演算子（ナブラ），すなわち，

$$\nabla \equiv \left(\mathbf{a}\frac{\partial}{\partial x} + \mathbf{b}\frac{\partial}{\partial y} + \mathbf{c}\frac{\partial}{\partial z}\right) \tag{1.15}$$

である．ただし，**a**, **b**, **c** は基本軸ベクトル（単位ベクトル）である．さらに (1.14) 式をもう1回 x, y, z で微分すると，結局

$$-\hbar^2 \nabla^2 \psi = \hbar^2(k_x^2 + k_y^2 + k_z^2)\psi$$
$$= (p_x^2 + p_y^2 + p_z^2)\psi = p^2 \psi \tag{1.16}$$

が得られる．粒子の運動エネルギー ε と運動量 p との関係式

$$\varepsilon = \frac{1}{2m}p^2 \tag{1.17}$$

の両辺に ψ を掛けると

$$\frac{1}{2m}p^2\psi = \varepsilon\psi = \hbar\omega\psi \tag{1.18}$$

となる．ただし，上式の後半は (1.4) 式を用いた．これと，(1.12), (1.16) より

$$-\frac{\hbar^2}{2m}\left(\frac{\partial^2}{\partial x^2} + \frac{\partial^2}{\partial y^2} + \frac{\partial^2}{\partial z^2}\right)\psi = -\frac{\hbar^2}{2m}\nabla^2\psi = i\hbar\frac{\partial \psi}{\partial t} \tag{1.19}$$

が得られる．さて，(1.5) 式より **p**=ℏ**k** であることに注意すると，(1.14) 式より運動量 **p** は微分演算子 $-i\hbar\nabla$ に対応することがわかる．また，運動量の成分 p_x, p_y, p_z はそれぞれ微分演算子 $-i\hbar(\partial/\partial x)$, $-i\hbar(\partial/\partial y)$, $-i\hbar(\partial/\partial z)$ に対応することになる．さらに，$\varepsilon = \hbar\omega$ であることに注意すると，(1.12) 式よりエネルギー ε は $i\hbar(\partial/\partial t)$ という演算子に対応することがわかる．

(1.19) 式はまた

$$H \equiv -\frac{\hbar^2}{2m}\left(\frac{\partial^2}{\partial x^2} + \frac{\partial^2}{\partial y^2} + \frac{\partial^2}{\partial z^2}\right) \tag{1.20}$$

という微分演算子を定義すると，

$$H\psi = i\hbar\frac{\partial \psi}{\partial t} \tag{1.21}$$

のようにかける．ここで H は量子力学における**ハミルトニアン**（Hamiltonian）とよばれる．この式は ψ の満たすべき方程式であり，これを**時間に依存する Schrödinger 方程式**（time-dependent Schrödinger equation）とよぶ．Schrödinger 方程式 (1.21) は，ψ に演算子 H をほどこしたものが，ψ に粒子のエネルギーに対応する演算子 $i\hbar(\partial/\partial t)$ をほどこしたものに等しいことを示している．

上記の議論から，波動関数 $\psi(\mathbf{r}, t)$ を Schrödinger 方程式の解として求め，$|\psi(\mathbf{r}, t)|^2$ を計算すれば粒子の存在確率が求まることがわかった．ところで Schrödinger 方程式 (1.19) をみると，その解に任意の定数を掛けたものもまた解であることがすぐにわかる．しかしながら，$|\psi(\mathbf{r}, t)|^2$ が存在確率をあらわすことから，$\psi(\mathbf{r}, t)$ は規格化条件

$$\iiint_{-\infty}^{\infty} |\psi(x, y, z)|^2 \, dx\, dy\, dz = 1 \tag{1.22}$$

を満たすようにしておくべきであろう．

　結晶中の電子のように粒子が時間に依存しない外力の影響を受ける場合は，外力によるポテンシャルを $V(\mathbf{r})$ として (1.21) のハミルトニアンを

$$H = -\frac{\hbar^2}{2m}\nabla^2 + V(\mathbf{r}) \tag{1.23}$$

のようにかき直す必要がある．外力の影響をこのように考慮するやり方は経験的に正しいことが知られている．系が定常状態にある場合は，波動関数は**定在波**（stationary wave）となる．以下では，外力の影響下で定常状態にある系を考える．まず Schrödinger 方程式の解として次のような関数形を考える．

$$\psi(\mathbf{r}, t) = \phi(\mathbf{r})\, T(t) \tag{1.24}$$

これを Schrödinger 方程式

$$\left[-\frac{\hbar^2}{2m}\nabla^2 + V(\mathbf{r})\right]\psi = i\hbar\,\frac{\partial \psi}{\partial t} \tag{1.25}$$

に代入して両辺を $\psi(\mathbf{r}, t)$ で割ると

$$\frac{1}{\phi(\mathbf{r})}\left[-\frac{\hbar^2}{2m}\nabla^2\phi(\mathbf{r}) + V(\mathbf{r})\,\phi(\mathbf{r})\right] = i\hbar\,\frac{1}{T(t)}\frac{\mathrm{d}T(t)}{\mathrm{d}t} \tag{1.26}$$

を得る．この式の左辺は場所のみの関数，また右辺は時間のみの関数である．この式がすべての $\mathbf{r}$, t について恒等的に成り立つためには，この式の値が定数でなければならない．この定数を ε とすると，2 つの方程式

$$-\frac{\hbar^2}{2m}\nabla^2\phi(\mathbf{r}) + V(\mathbf{r})\,\phi(\mathbf{r}) = H\,\phi(\mathbf{r}) = \varepsilon\,\phi(\mathbf{r}) \tag{1.27}$$

$$i\hbar\,\frac{\mathrm{d}T(t)}{\mathrm{d}t} = \varepsilon\, T(t) \tag{1.28}$$

が得られる．上のように，もとの微分方程式を $\mathbf{r}$ と t についての 2 つの方程式に分割するやり方を**変数分離法**（variable separation）という．(1.27) 式から定数 ε が演算子 H に対応することがわかる．このことから，ε は粒子のエネルギーをあらわすと考えてよい．また，(1.28) 式の解は

$$T(t) = C\exp(-i\varepsilon t/\hbar) = C\exp(-i\omega t) \tag{1.29}$$

となるが，上式の角振動数 ω は $\hbar\omega = \varepsilon$ という置き換えにより得られたものであり，このことからも ε が粒子のエネルギーをあらわすことがわかる．方程式 (1.27) は**時間に依存しない Schrödinger 方程式**（time-independent Schrödinger equation）とよばれる．この方程式は系が定常状態にある場合にのみ成り立つことに注意しよう（このとき $\phi(\mathbf{r})$ は演算子 H の固有状態をあらわし，その固有値は ε となる）．

さて，上記の議論より定常状態での解（定常解）は

$$\psi(\mathbf{r},t) = C\phi(\mathbf{r})\exp(-i\omega t) \tag{1.30}$$

とかけるので，粒子の存在確率は時間に依存せず

$$|\psi(\mathbf{r},t)|^2 = \psi^*\psi = |C|^2|\phi(\mathbf{r})|^2 \tag{1.31}$$

となる．ここで定数 C は，規格化条件(1.22)式を満たすように定められる．

1.3 一次元井戸型ポテンシャル中の粒子

もっとも簡単な例として，図1-2のような一次元井戸型ポテンシャル中に閉じ込められた1個の粒子の定常状態での挙動を，Schrödinger方程式を解くことにより明らかにしよう．井戸型ポテンシャルを $V(x)$ であらわすと，時間に依存しないSchrödinger方程式は

$$-\frac{\hbar^2}{2m}\frac{d^2\phi}{dx^2} + V(x)\phi(x) = \varepsilon\phi(x) \tag{1.32}$$

となる．ここに，ポテンシャルエネルギーは

$$\begin{cases} V(x) = 0 & (0 < x < L) \\ V(x) = \infty & (x < 0,\ x > L) \end{cases} \tag{1.33}$$

であり，粒子は井戸の内部 $0 < x < L$ の範囲にのみ存在する．井戸の外には粒子は存在せず，したがって $\phi(x) = 0$ となる．井戸の内部では $\phi(x)$ の満たすべき方程式は

$$-\frac{\hbar^2}{2m}\frac{d^2\phi}{dx^2} = \varepsilon\phi(x) \tag{1.34}$$

となる．解を

$$\phi(x) = A\exp(ikx) + B\exp(-ikx) \tag{1.35}$$

とおいて(1.34)に代入すると

$$\varepsilon = \frac{\hbar^2 k^2}{2m} \tag{1.36}$$

が得られる．ところで，$\phi(x)$ は連続関数でなければならないので，井戸の外で $\phi(x) = 0$ であるからには内部と外部の境界においても $\phi(x) = 0$ でなければならない．すなわち，境界条件

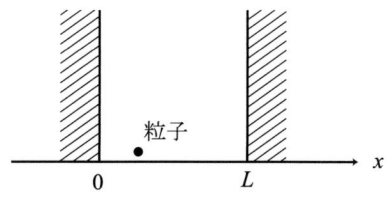

図1-2 一次元の井戸型ポテンシャル中の粒子

$$\phi(0) = \phi(L) = 0 \tag{1.37}$$

を満足する必要がある．$\phi(0) = 0$ と (1.35) より $B = -A$ が得られ，波動関数は

$$\phi(x) = 2iA \sin kx = C \sin kx \tag{1.38}$$

となる．また，$\phi(L) = 0$ と (1.38) より

$$\phi(L) = C \sin kL = 0 \tag{1.39}$$

となるが，これを満たすためには

$$kL = n\pi \quad (n = 1, 2, 3, ...) \tag{1.40}$$

でなければならない（$n = 0$ は ϕ がすべての x において 0 になるので除外する）．したがって，$\phi(x)$ は

$$\phi(x) = C \sin\left(\frac{n\pi x}{L}\right) \tag{1.41}$$

となる．さらに規格化条件

$$\int_0^L |\phi(x)|^2 \, dx = 1 \tag{1.42}$$

より

$$C = \left(\frac{2}{L}\right)^{1/2} \tag{1.43}$$

と定まる．結局，規格化された波動関数は

$$\phi(x) = \left(\frac{2}{L}\right)^{1/2} \sin\left(\frac{n\pi x}{L}\right) \quad (n = 1, 2, 3, ...) \tag{1.44}$$

と求まる．また，エネルギーは (1.36) と (1.40) より

$$\varepsilon = \frac{n^2 \pi^2 \hbar^2}{2mL^2} \quad (n = 1, 2, 3, ...) \tag{1.45}$$

となる．

　ところで，(1.44) 式は両端が固定端の弦の定常振動と同じ式であり，整数 n は振動のモードをあらわす．量子力学的には n は粒子の状態をあらわすことになり，粒子のとりうるエネルギーは n に応じて (1.45) 式のようなとびとびの値のみとなる．これらの値を**エネルギー固有値**（energy eigenvalue）という．また，n のように量子力学的状態をあらわすパラメータを一般に**量子数**（quantum number）という．例えば，原子中の電子の状態を記述するには主量子数，角運動量量子数，磁気量子数，スピン量子数とよばれる 4 種類の量子数が必要になる．

1.4 量子統計力学

　この節では，量子統計力学（quantum statistical mechanics）で用いられる 2 つの分布関数について述べる．1 つは第 5, 6 章で議論する固体中の電子，他の 1 つは第 4 章で議論するフォ

ノンの挙動を理解するのにそれぞれ必要である．原子番号が2以上の原子のように，1つの系内に複数の電子が存在する場合，それらはすべて互いに異なる量子力学的状態をとらねばならないという要請がある．すなわち，前節で述べた4つの量子数の組が系内のすべての電子について異ならなければならない．これを **Pauli の排他原理**（Pauli exclusion principle）という．一般に，この原理に従う粒子を **Fermi 粒子**（Fermion）とよぶ．第5章で扱う電子気体が古典的な気体と決定的に異なる挙動を示すのは，電子が Fermi 粒子であり，Pauli の排他原理に従うからである．電子のほかに陽子，中性子などが Fermi 粒子であることが知られている．また，Pauli の排他原理に従わない粒子を **Bose 粒子**（Boson）という．Fermi 粒子と Bose 粒子はいずれも古典的な粒子とは異なる統計力学的挙動を示すので，これを扱うには量子統計力学の理論が必要となる．

Pauli の排他原理を前提とした統計力学によれば，エネルギー固有値 ε の状態が Fermi 粒子により占有される割合 $f(\varepsilon)$ は，次の **Fermi-Dirac 分布関数**（Fermi-Dirac distribution function）であたえられることが知られている．

$$f(\varepsilon) = \frac{1}{\exp[(\varepsilon - \mu)/(k_B T)] + 1} \tag{1.46}$$

ここに，k_B は Boltzmann 定数（Boltzmann constant），μ は**化学ポテンシャル**（chemical potential）である．一方，Bose 粒子の $f(\varepsilon)$ は次の **Bose-Einstein 分布関数**（Bose-Einstein distribution function）であたえられる．

$$f(\varepsilon) = \frac{1}{\exp[(\varepsilon - \mu)/(k_B T)] - 1} \tag{1.47}$$

第5章で述べるように μ は温度とともに減少し，高温では負の大きな値となる．$\varepsilon - \mu \gg k_B T$ を満たすような充分高い温度では，上式はいずれも古典的な Maxwell-Boltzmann 分布関数

$$f(\varepsilon) = \frac{1}{\exp[(\varepsilon - \mu)/(k_B T)]} = A \exp\left(\frac{-\varepsilon}{k_B T}\right) \tag{1.48}$$

に近づく．ここに A は規格化のための定数である．

2 結晶構造

固体物理学で扱う物質には原子や分子が完全に規則的に配列した固体物質である結晶と，固体でありながら液体のように構造規則性をあまりもたない非晶（アモルファス）がある．非晶は過冷却液体がガラス化して固まったもので，熱力学的には完全な平衡状態にあるとはいえない．通常，固体の平衡状態は結晶であると考えてよい．固体物理学の基礎はこのような結晶の構造や性質をしらべることから始まったといえる．この章では，結晶構造（crystal structure）に関するいくつかの基本的事項について述べる．

2.1 単位格子

結晶中では一定の配列をもった複数個の原子が三次元的に繰り返して配列している．この繰り返し単位中の等価な代表点を**格子点**（lattice point）という．このような格子点が空間内に規則的に配列してできたものは**格子**（lattice）または**点格子**（point lattice）とよばれる．図2-1に具体的な格子の例を示す．格子は**基本並進ベクトル**（primitive translation vectors）（**単位格子ベクトル**ともいう）**a**，**b**，**c**によって定義される．**a**，**b**，**c**は隣接する格子点間を結ぶベクトルとしてとることができる．また，**a**，**b**，**c**で定まる平行六面体を**基本単位格子**

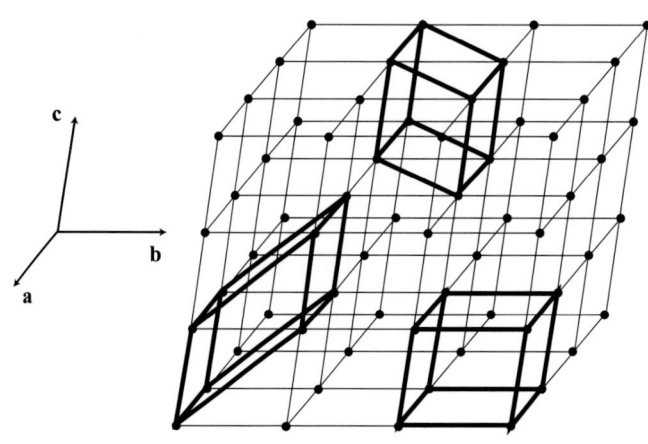

図2-1 空間格子といろいろな基本単位格子

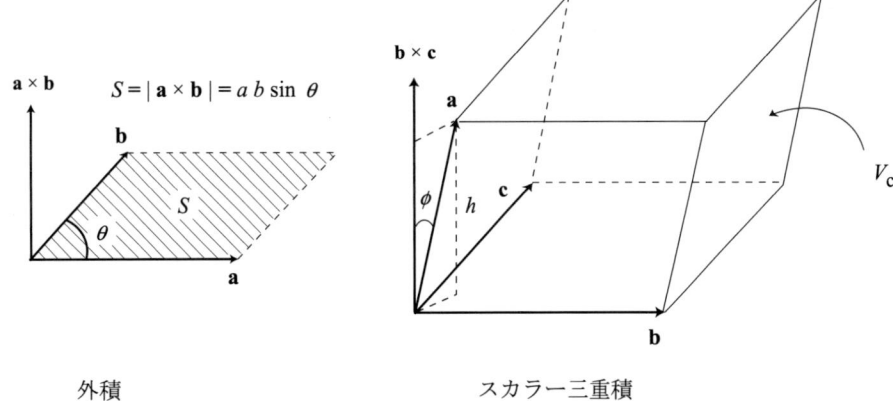

　　　　外積　　　　　　　　　スカラー三重積

図 2-2　外積（ベクトル積）とスカラー三重積．外積 **a**×**b** の大きさは **a** と **b** で定まる平行四辺形の面積 S であり，その向きは平行四辺形の面に垂直である．また，**b**×**a** = − (**a**×**b**) である．スカラー三重積 **a**·(**b**×**c**) は **a**, **b**, **c** で定まる平行六面体の体積 V_c をあらわす．すなわち，|**a**| |**b**×**c**| $\cos\phi = hS = V_c$ である．

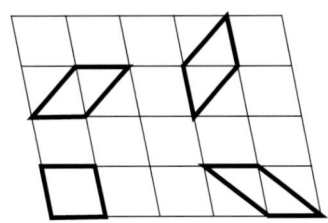

図 2-3　二次元空間格子におけるいろいろな基本単位格子のとり方

(primitive cell) という．一般に，空間格子を構成する繰り返し単位を**単位格子**または**単位胞** (unit cell) という．単位格子のとり方は多数あるが，そのうちその体積が最小のものが基本単位格子である．基本単位格子の体積 V_c は **a**, **b**, **c** のスカラー三重積，すなわち，

$$V_c = \mathbf{a} \cdot (\mathbf{b} \times \mathbf{c}) \tag{2.1}$$

であたえられる．ここに **a** × **b** は **a** と **b** の外積（ベクトル積）である（図 2-2 参照）．図 2-1 や図 2-3 に示すように，基本単位格子のとり方もいろいろあることに注意しよう．また，平行六面体の頂点に格子点が存在する必要はないので，例えば，図 2-4 のような **Wigner-Seitz セル**（Wigner-Seitz cell）とよばれる基本単位格子のとり方もある．

　一般に，結晶を構成する単位格子は，図 2-5 に示すようにその 3 つの辺の長さ a, b, c と 3 軸間の角度 α, β, γ により決定できる．これら 6 つのパラメータを**格子定数**（lattice constant）という．

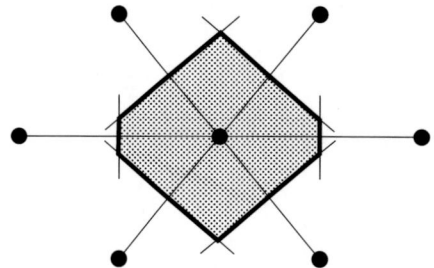

図 2-4 基本単位格子である Wigner-Seitz セル．ある格子点と隣接する格子点とをすべて線で結び，それらの垂直二等分面で囲まれた最小部分からなる．図は二次元格子の場合を示す．

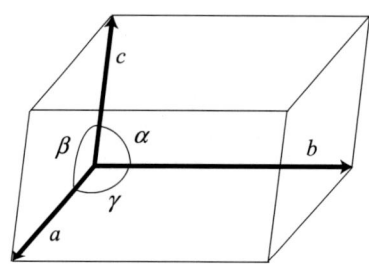

図 2-5 単位格子と格子定数．

2.2 対称操作

　空間格子は，ある規則に則った空間的な移動により，それ自身に重ね合わせることができる．この重ね合わせのやり方を**対称操作**(symmetry operation)とよぶ．対称操作には**並進**(translation)，**回転**(rotation)，**鏡映**(reflection)がある．並進操作は格子点間を結ぶ並進ベクトル $\mathbf{T} = n_1 \mathbf{a} + n_2 \mathbf{b} + n_3 \mathbf{c}$ (n_1, n_2, n_3 は任意の整数) によってあらわされることがすぐにわかる．格子点を通る軸のまわりの回転角 $2\pi/n$ の回転を n 回回転操作といい，この操作により結晶格子が不変である（重ね合わさる）場合，n 回回転対称性があるという．並進対称性を考慮すると，回転対称には図 2-6 に示すように 1 回，2 回，3 回，4 回，6 回回転の 5 種類のみが存在する（例えば，5 回回転対称が存在しないことは，正五角形のタイルでは平面をくまなく敷き詰めることができないことから類推されよう）．n 回回転操作は記号 n であらわされる．鏡映操作は，格子点を含む平面に関して鏡映の位置へと移動する操作である（図 2-7）．鏡映操作は記号 m であらわされる．さらに，回転操作と鏡映操作を組み合わせると，図 2-7 に示す**反転**（I）(inversion)，図 2-8 に示す **n 回回映**（$\tilde{n}$）(n-fold improper rotation)，および図 2-9 に示す **n 回回反**（$\bar{n}$）(rotatory inversion) が定義される．1 回回反操作は反転操作に等しい．

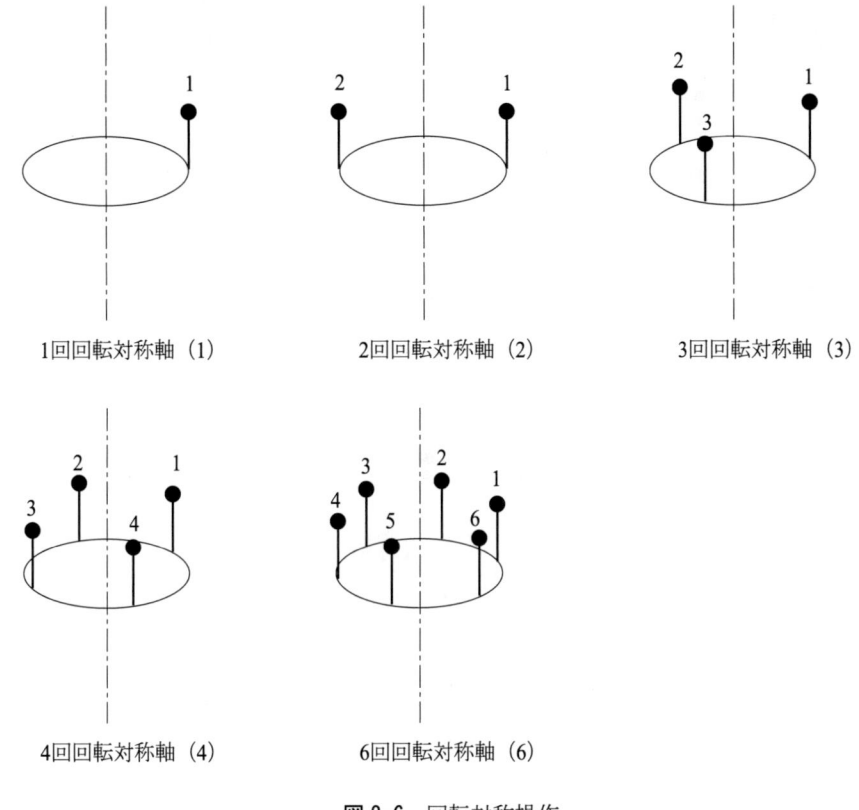

図 2-6　回転対称操作

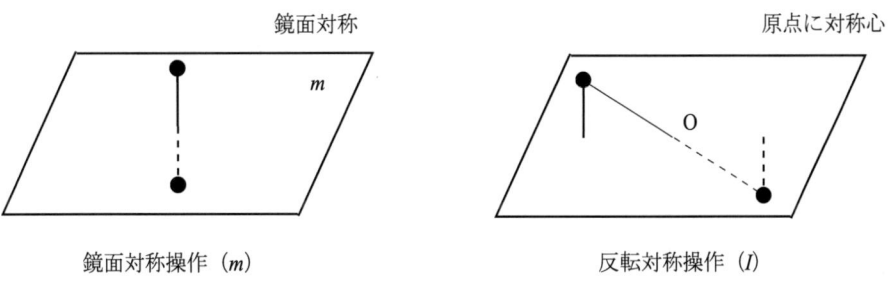

図 2-7　鏡映対称操作（m）と反転対称操作（I）

2.3 Bravais 格子

　前節で述べたさまざまな対称操作について不変であるような空間格子を考えると，結晶はその単位格子に応じて 7 種類の結晶系に分類されることがわかっている．これらの結晶系のそれぞれについて，各格子点が同じ環境をもつという基本的な条件を満たすいくつかの空間格子が存在する．これらに対応する単位格子を **Bravais（ブラベ）格子**（Bravais lattice）とよ

20

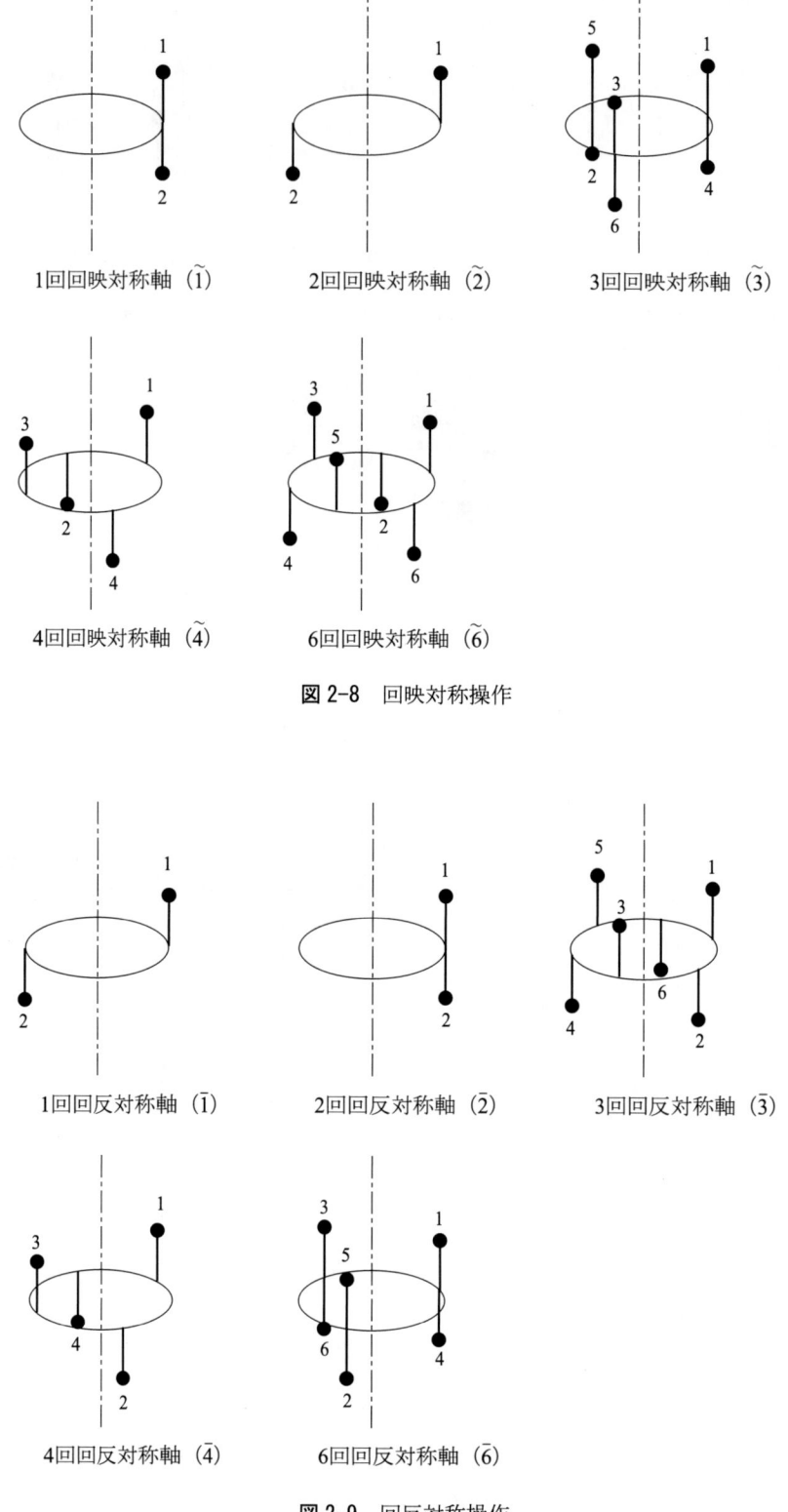

図 2-8　回映対称操作

図 2-9　回反対称操作

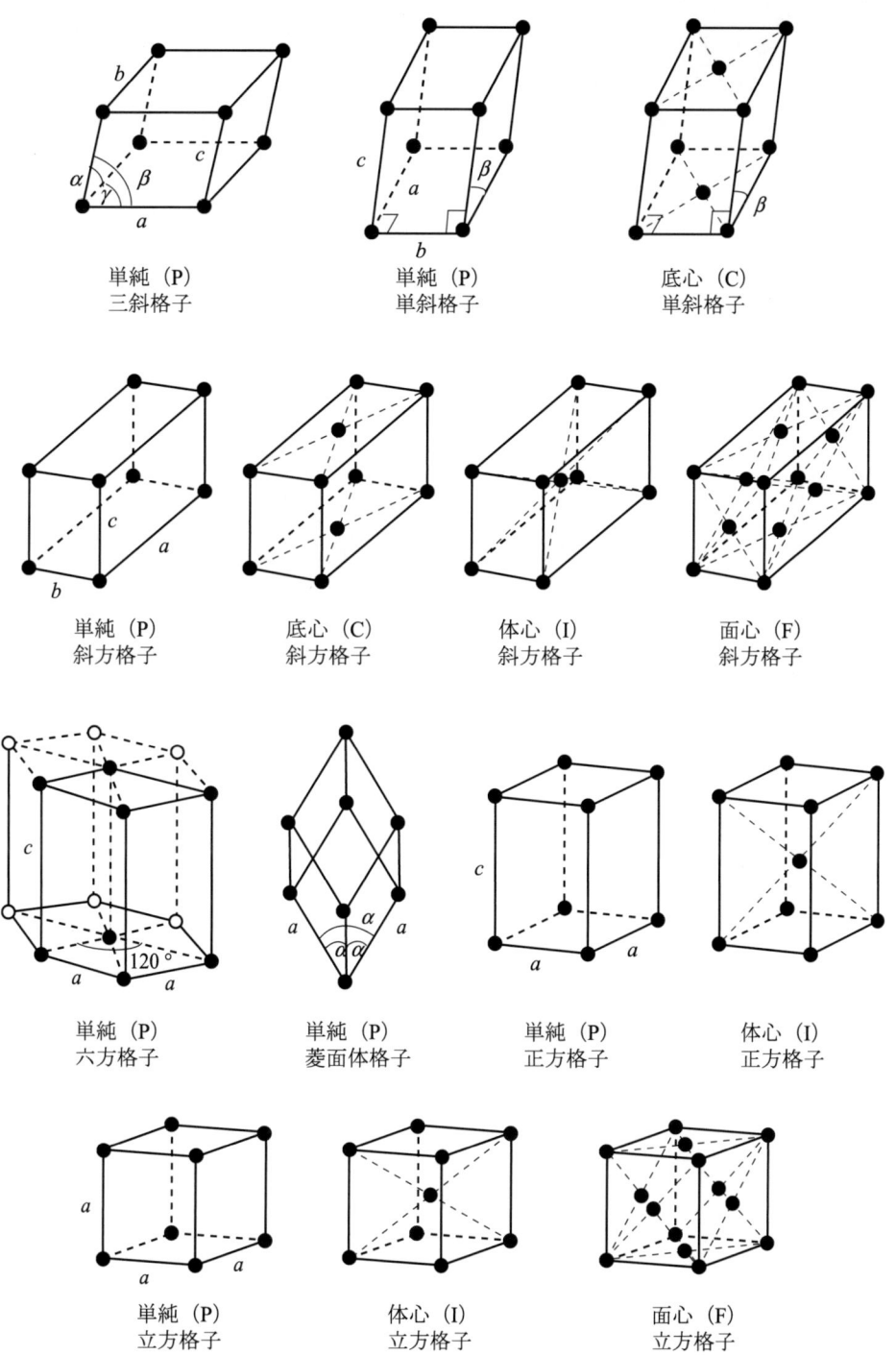

図 2-10　14 種類の Bravais 格子

表 2-1 結晶系の分類と Bravais 格子

結晶系	結晶軸	Bravais 格子と記号
立方晶系	$a = b = c$ $\alpha = \beta = \gamma = 90°$	単純 (sc)[1] P 体心 (bcc)[2] I 面心 (fcc)[3] F
正方晶系	$a = b \neq c$ $\alpha = \beta = \gamma = 90°$	単純 P 体心 I
斜方晶系	$a \neq b \neq c$ $\alpha = \beta = \gamma = 90°$	単純 P 体心 I 底心 C 面心 F
菱面晶系	$a = b = c$ $\alpha = \beta = \gamma \neq 90°$	単純 P
六方晶系	$a = b \neq c$ $\alpha = \beta = 90°\ \gamma = 120°$	単純 P
単斜晶系	$a \neq b \neq c$ $\alpha = \gamma = 90° \neq \beta$	単純 P 底心 C
三斜晶系	$a \neq b \neq c$ $\alpha \neq \beta \neq \gamma \neq 90°$	単純 P

1) simple cubic, 2) body centered cubic, 3) face centered cubic

び, 全部で 14 種類あることが知られている. これらのすべてを図 2-10 に示す. これらのうち, 単純格子 (P) では格子点が単位格子の頂点のみに, 体心格子 (I) では頂点と中心に, 底心格子 (C) では頂点と底面 (上下の面) の中心に, 面心格子 (F) では頂点とすべての面の中心にある. 上記 7 種類の結晶系と, 対応する Bravais 格子を表 2-1 にまとめた.

2.4 Miller 指数

空間格子の中の一直線上にない 3 つの格子点により 1 つの平面が定まる. これを**格子面** (lattice planes) とよぶ. 図 2-11 に示すように, 格子中にはある格子面に平行で等価な多数の格子面が等間隔に配列していると考えることができる. このような仮想的な平面群は, 実際の結晶構造解析で重要な意味をもつ. 格子点のどれかを原点にとり, ある格子面群の中で原点にもっとも近い格子面が結晶軸と交わる位置がそれぞれ $a/h, b/k, c/l$ (ただし, h, k, l は整数) であるとき, この格子面群は整数の組 (hkl) で一意的にあらわすことができる. このような (hkl) を **Miller 指数** (Miller index) とよぶ. 単純立方格子について Miller 指数のいくつかの具体例

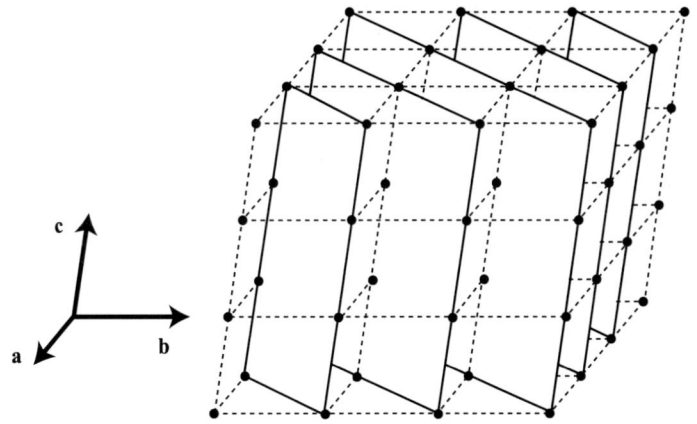

図 2-11 結晶格子中の格子面群.この例は $(1\bar{1}0)$ の格子面を示す.

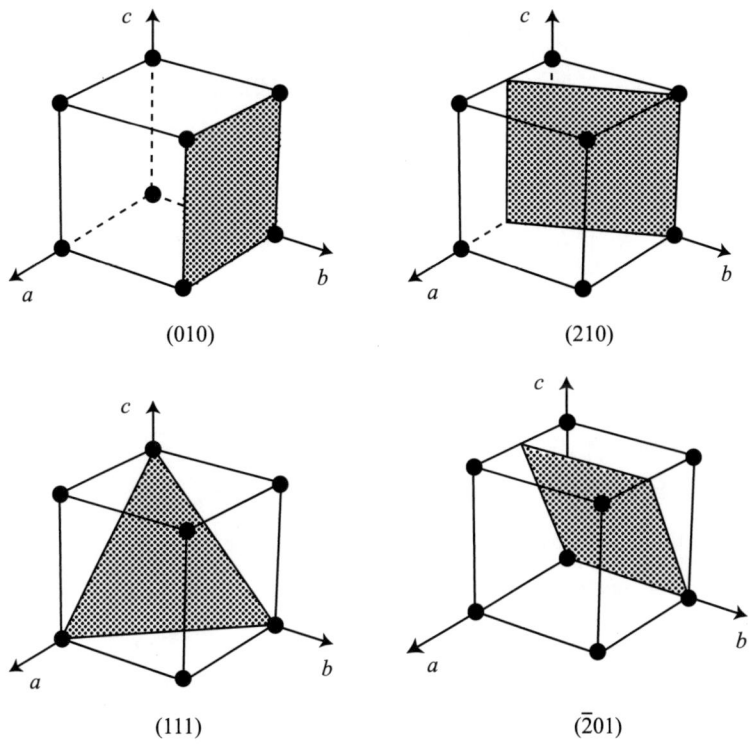

図 2-12 Miller 指数の例

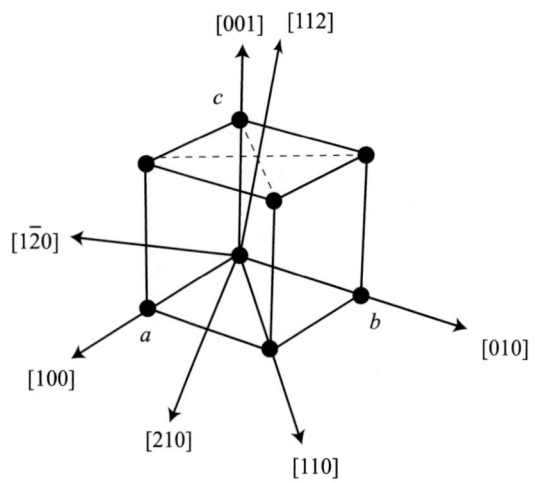

図 2-13　空間格子中の方向と方向指数

を図 2-12 に示す．格子面が結晶軸に平行な場合はその軸についての指数は 0 となる．また，格子面が原点から負の方向で結晶軸と交わる場合は指数は負となる．負の指数は $\bar{1}$, $\bar{2}$ のようにあらわす．また，ある種の対称性を有する結晶格子中には等価な面が複数存在することがある．例えば，立方晶系では (100)，(010)，(001)，($\bar{1}$00)，(0$\bar{1}$0)，(00$\bar{1}$) の 6 つは等価な格子面であり区別がつかない．このような場合は，これらをまとめて {100} とあらわす．これらの等価な格子面（群）は**面形**（plane form）{100} に属するともいう．

空間格子中の方向をあらわすには図 2-13 のような**方向指数** (direction index) $[hkl]$ を用いる．hkl は結晶軸方向の成分の比をあらわす最小の整数の組である．また，面形と同様に結晶格子の対称性によっては $[hkl]$ に等価な複数の方向が存在することがある．この場合，これら等価な方向をまとめて $<hkl>$ とかく．

2.5　いろいろな結晶構造

結晶構造のうち，比較的簡単な例を以下に説明する．

体心立方格子（body centered cubic lattice）　図 2-10 に示したように，立方晶系には単純立方格子 sc（P），体心立方格子 bcc（I），面心立方格子 fcc（F）がある．体心立方構造は，体心立方格子の格子点に原子を配置して得られる結晶構造である．Fe（α 晶），Cr，Mo，V などの金属はこの構造をもつ．体心立方構造では 1 個の単位格子中に 2 個分の原子を含む．体心格子の基本単位格子は，通常図 2-14 に示すように基本並進ベクトル $\mathbf{a}_1$，$\mathbf{a}_2$，$\mathbf{a}_3$ により定義される斜方六面体である．すなわち，

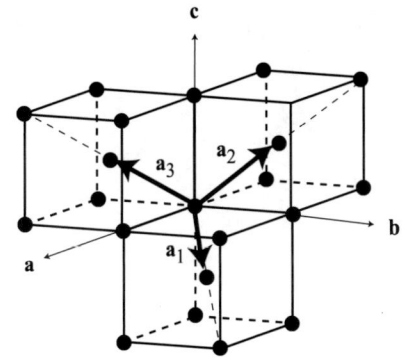

図 2-14 体心立方格子の基本並進ベクトル $\mathbf{a}_1$, $\mathbf{a}_2$, $\mathbf{a}_3$

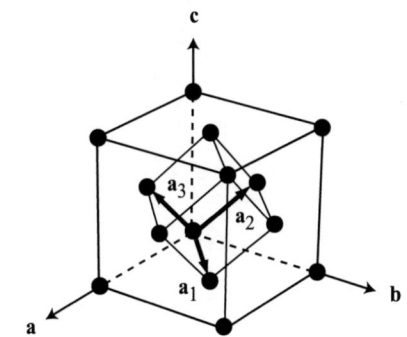

図 2-15 面心立方格子の基本並進ベクトル $\mathbf{a}_1$, $\mathbf{a}_2$, $\mathbf{a}_3$

$$\begin{cases} \mathbf{a}_1 = (\mathbf{a}+\mathbf{b}-\mathbf{c})/2 \\ \mathbf{a}_2 = (\mathbf{b}+\mathbf{c}-\mathbf{a})/2 \\ \mathbf{a}_3 = (\mathbf{c}+\mathbf{a}-\mathbf{b})/2 \end{cases} \quad (2.2)$$

である.

面心立方格子(face centered cubic lattice) 面心立方構造は,面心立方格子の格子点に原子を配置して得られる結晶構造である.Al,Ni,Fe (γ晶),Cu,Ag,Pb などの金属はこの構造をもつ.この構造では1個の単位格子中に4個分の原子を含む.面心格子の基本単位格子は,通常図 2-15 に示すように基本並進ベクトル $\mathbf{a}_1$, $\mathbf{a}_2$, $\mathbf{a}_3$ により定義される斜方六面体である.すなわち,

$$\begin{cases} \mathbf{a}_1 = (\mathbf{a}+\mathbf{b})/2 \\ \mathbf{a}_2 = (\mathbf{b}+\mathbf{c})/2 \\ \mathbf{a}_3 = (\mathbf{c}+\mathbf{a})/2 \end{cases} \quad (2.3)$$

である.面心立方構造は大きさの等しい剛体球を箱の中に最大の密度で充填するやり方の1

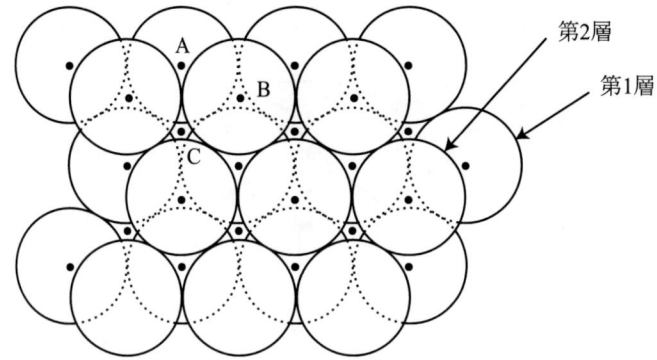

図 2-16 剛体球の最密充填のやり方．第 3 層は A または C の位置に配列されることになる．

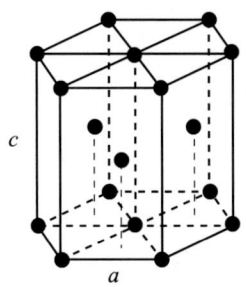

図 2-17 六方最密構造．この立体の底面は正六角形である．

つで得られる．剛体球をできるだけ密に箱の中に詰め込むなら，最初は箱の底面に図 2-16 の実線のように規則正しく並べるべきだろう（第 1 層）．次に，この上に第 2 層を積み上げるわけだが，これは図の B または C のくぼみの位置に置くことになろう．例えば，図の点線のように B の位置に第 2 層を配列させたとすると，第 3 層は A または C の位置に配列させることになる．ここでは C に配列させて，この後さらに ABCABC..... という順で層を積み重ねて最密充填を行ったとすると，剛体球の配列は面心立方構造となる．

六方最密構造（hexagonal close-packed structure）　上述の剛体球の最密充填を ABABAB..... という順で積層して行った場合，図 2-17 に示すような結晶構造が得られる．これを六方最密構造という．Be, Mg, Zn などの金属はこの構造をとる．六方最密構造も面心立方構造も上の剛体球の体積充填率は同じで約 0.74 である．また，図 2-17 の単位格子の軸比 c/a は理想的には $(8/3)^{0.5}$ であるが，実際の結晶ではこれより少しずれた値になる．

ダイヤモンド構造（diamond structure）　ダイヤモンド構造は，まず面心立方格子の各格子点に原子を配置し，さらにもっとも離れた 2 つの頂点を結ぶ 4 本の対角線の片端から 4 分の 1 の位置に対称的に合計 4 個の原子を配置して得られる．この構造を図 2-18 に示す．この立方体の中には 8 個分の原子が含まれる．このような原子の配置は，正四面体の重心とその頂

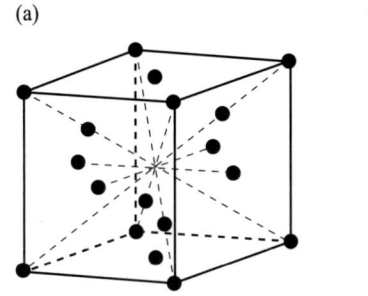
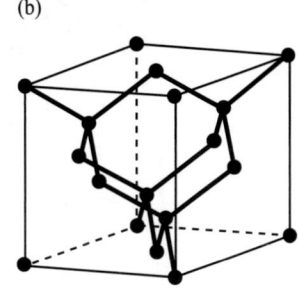

図 2-18 ダイヤモンド構造．(a) ダイヤモンド構造の単位格子．(b) 原子間結合を描き入れたダイヤモンド構造．(b) の太線は，正四面体の重心から各頂点へ向かう 4 価元素の共有結合である．(a) と (b) は同じ構造であることに注意せよ．

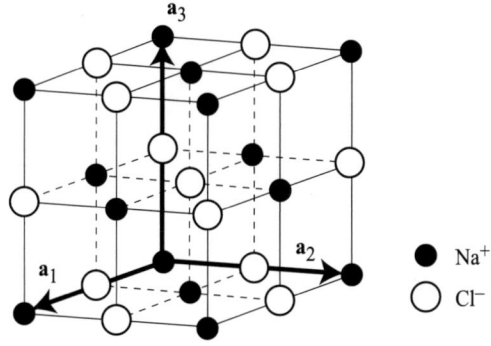

図 2-19 塩化ナトリウム NaCl の結晶構造

点に原子を配置したものに一致する（図 2-18 (b) 参照）．ダイヤモンド（炭素の結晶）はこの構造をとる典型的な結晶であるが，他に Si，Ge，Sn などの 4 価の元素もこの構造をとる．剛体球をダイヤモンド構造になるように充填したときの最大体積充填率は約 0.34 であり，最密充填（面心立方格子や六方最密構造）と比べるとかなり小さい．

塩化ナトリウム構造（sodium chloride structure） NaCl のように 2 種類の元素 A と B からなる化合物 AB の結晶は，しばしば図 2-19 のような構造をとる．これを塩化ナトリウム構造という．これは，原子 A からなる面心立方格子に原子 B からなる同じ大きさの面心立方格子を 3 軸方向にそれぞれ一辺の長さの 2 分の 1 ずつずらして重ねることにより得られる．この構造をとる結晶としては他に AgCl，MgO，MnO などがある．

塩化セシウム構造（cesium chloride structure） AB 型の化合物でも CsCl のように図 2-20 のような結晶構造をとるものもある．これを塩化セシウム構造という．これは体心立方格子の中心に原子 A を置き，頂点に原子 B を置いたものである．

閃亜鉛鉱構造（zinc-blende structure） AB 型の化合物では，さらに図 2-21 のようにダイヤ

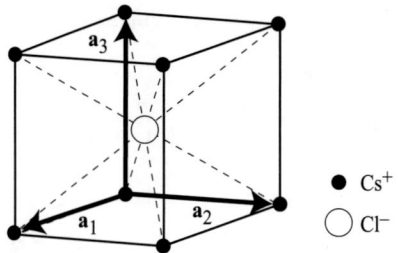

図 2-20　塩化セシウム CsCl の結晶構造

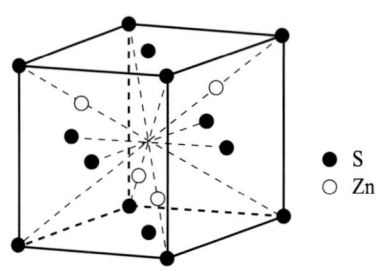

図 2-21　閃亜鉛鉱構造

モンド構造の基本単位格子中の 4 つの原子を B に置き換えた構造をとるものもある．これを閃亜鉛鉱構造，またはジンクブレンド構造という．ここでは，基本単位格子の頂点を結ぶ対角線の片端から 4 分の 1 にある 4 つの格子点が B に置き換えられる．この構造をとる典型的な実例としては立方晶 ZnS がある．一般に，AB 型のイオン化合物の結晶が塩化ナトリウム構造，塩化セシウム構造，閃亜鉛鉱構造のいずれをとるかは，陽イオンと陰イオンの半径の比に依存するといわれている．陽イオンが大きいものは塩化セシウム構造を，陰イオンが大きいものは閃亜鉛鉱構造をとる傾向がある．

演習問題

2.1　ある結晶中に原子が六方最密構造（図 2-17 参照）をとって配列している．結晶中の原子の数密度は 5.0×10^{25} 個 /m^3 である。格子定数 a, c を求めよ．

2.2　剛体球を最密充填した場合の体積充填率を求めよ．

2.3　体心立方格子の格子点に剛体球を配置した場合の最大の体積充填率を求めよ．

2.4　単純立方格子における (200)，(120)，(022)，(10$\bar{1}$) 面をそれぞれ図示せよ．

2.5　面心立方格子において，次頁の図の $\mathbf{x}, \mathbf{y}, \mathbf{z}$ を単位格子ベクトルとしたときの (100) 面は，基本並進ベクトル $\mathbf{a}_1, \mathbf{a}_2, \mathbf{a}_3$ を単位格子ベクトルとしたときどのような面指数であらわされるか？　また、(020)，(110) 面についてはどうか？

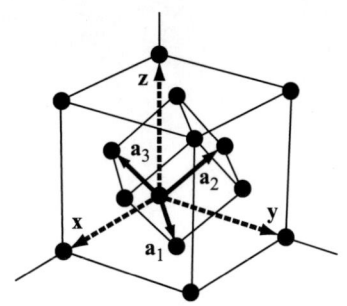

2.6 図 2-14 の体心立方格子の基本並進ベクトル $\mathbf{a}_1$, $\mathbf{a}_2$, $\mathbf{a}_3$ の互いになす角を求めよ.

2.7 図 2-15 の面心立方格子の基本並進ベクトル $\mathbf{a}_1$, $\mathbf{a}_2$, $\mathbf{a}_3$ の互いになす角を求めよ.

3
逆格子と波の回折

結晶にその格子の面間隔と同程度かそれより短い波長の波が入射すると,結晶構造を反映した特定の方向への散乱波が生じる.これは回折現象の一種であり,この現象を利用することにより,前章で述べた固体のさまざまな結晶構造を実験的にしらべることができる.入射波としては通常,X線,電子線,中性子などが用いられる(第1章で述べたように,電子や中性子は de Broglie 波である).この章では,結晶の逆格子の概念を導入し,それをもとに入射波が結晶格子によってどのように散乱されるかについての基本原理を学ぶ.

3.1 Bragg の反射条件

図 3-1 のように単結晶(純粋な結晶)にX線を入射させるとX線が散乱され,平板フィルム上には結晶構造に応じた特定の回折パターンが得られる.図 3-2 のように格子面が水平方向に間隔 d で配列した結晶に,波長 λ のX線が角度 θ で入射した場合を考え,**X線回折**(X-ray diffraction)が起こる条件を導こう.入射X線の大部分は結晶を通り抜けるが,一部は格子面に当たるとあらゆる方向に散乱される.これらのうち同一格子面内のすべての場所からの散乱X線は,図の紙面内で(入射角)=(反射角)を満たす方向(すなわち反射)のみが同位

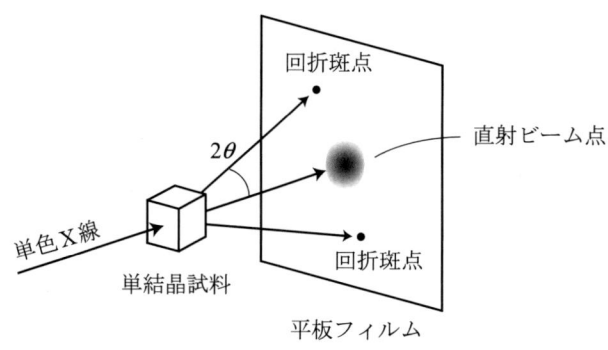

図 3-1 単結晶によるX線の回折.結晶に単色X線を入射し,散乱X線(回折斑点)を平板フィルムで撮影することにより,結晶構造をしらべることができる.

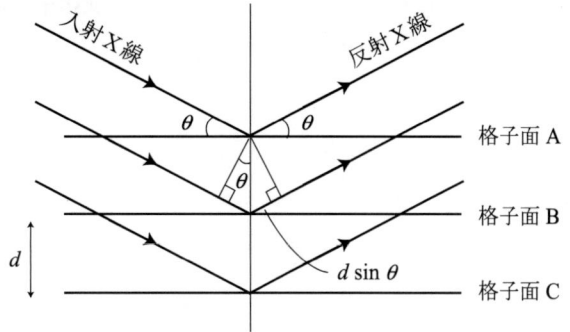

図 3-2　面間隔 d の結晶格子面による Bragg 反射.

相となり，互いに強め合う．さて，格子面 A での反射 X 線とすぐ下の格子面 B での反射 X 線とが強め合うためには，これらが同位相であればよい．これら 2 つの反射 X 線の光路差は図 3-2 より $2d\sin\theta$ であるので，同位相になる条件は

$$2d\sin\theta = n\lambda \qquad (n = 1, 2, 3, \dots) \tag{3.1}$$

である．これを **Bragg の反射条件**（Bragg condition）といい，またこのような波の反射（回折）を **Bragg 反射**（Bragg reflection）という．(3.1) 式から明らかなように，Bragg 反射は $\lambda \leq 2d$ のときに限り起こりうる．格子面間隔 d は通常数 Å 程度であるので，これよりも長い波長をもつ紫外・可視光では結晶による Bragg 反射は起こらない．したがって，結晶構造をしらべるには X 線のような波長の短い波を用いなければならない．

3.2　逆格子ベクトル

Bragg 反射の原理を用いて詳細な結晶構造を決定するには，**逆格子ベクトル**（reciprocal lattice vector）を導入して Bragg の反射条件を一般化する必要がある．ここではまず，基本並進ベクトル **a**, **b**, **c** を有する格子について，**逆格子**（reciprocal lattice）の軸ベクトル **a***, **b***, **c*** を以下のように定義する．

$$\mathbf{a}^* = 2\pi\frac{\mathbf{b}\times\mathbf{c}}{\mathbf{a}\cdot(\mathbf{b}\times\mathbf{c})},\quad \mathbf{b}^* = 2\pi\frac{\mathbf{c}\times\mathbf{a}}{\mathbf{a}\cdot(\mathbf{b}\times\mathbf{c})},\quad \mathbf{c}^* = 2\pi\frac{\mathbf{a}\times\mathbf{b}}{\mathbf{a}\cdot(\mathbf{b}\times\mathbf{c})} \tag{3.2}$$

これらの式の分母は第 2 章 (2.1) 式で示されるように基本単位格子の体積 V_c であることに注意しよう．なお，結晶学では上式の因子 2π をはぶいた定義が用いられる．また，

$$\mathbf{a}\cdot\mathbf{a}^* = \mathbf{b}\cdot\mathbf{b}^* = \mathbf{c}\cdot\mathbf{c}^* = 2\pi \tag{3.3}$$

であること，および **a*** は **b** と **c** に直交することなどより

$$\begin{cases} \mathbf{a}^*\cdot\mathbf{b} = \mathbf{a}^*\cdot\mathbf{c} = 0 \\ \mathbf{b}^*\cdot\mathbf{c} = \mathbf{b}^*\cdot\mathbf{a} = 0 \\ \mathbf{c}^*\cdot\mathbf{a} = \mathbf{c}^*\cdot\mathbf{b} = 0 \end{cases} \tag{3.4}$$

であることがわかる．さて，上記の **a***, **b***, **c*** を用いると，**逆格子空間**（reciprocal space）が定義でき，その空間内には実在の空間の結晶格子（実格子）と一対一で対応する逆格子を考えることができる．この逆格子上の任意の点は

$$\mathbf{G} = h\mathbf{a}^* + k\mathbf{b}^* + l\mathbf{c}^* \tag{3.5}$$

で定義される逆格子ベクトル **G** によりあらわすことができる．ここに h, k, l は整数である．**G** の大きさ G は長さの逆数の次元をもつことに注意しよう．実は逆格子は図 3-1 のような X 線回折の実験で得られるフィルム上の回折パターンに対応するものであるので，逆格子を考えることは回折パターンを解析する上で大変便利である．特に重要なのは，**(3.5) 式の G は格子面 (hkl) に対して垂直で, かつ (hkl) 面の面間隔は $2\pi/G$ であらわされる**という定理である．以下にこれを証明しておこう．

【証明】

逆格子の軸ベクトルの性質 (3.3), (3.4) より

$$\begin{cases} \mathbf{a}/h \cdot \mathbf{G} = 2\pi \\ \mathbf{b}/k \cdot \mathbf{G} = 2\pi \\ \mathbf{c}/l \cdot \mathbf{G} = 2\pi \end{cases} \tag{3.6}$$

であり，したがって，例えば $(\mathbf{a}/h - \mathbf{b}/k) \cdot \mathbf{G} = 0$ が導かれる．これは，$\mathbf{a}/h - \mathbf{b}/k$ と **G** が直交することを意味する．ところが，$\mathbf{a}/h - \mathbf{b}/k$ は (hkl) 面に平行なベクトルである（図 3-3 参照）．同様に，$\mathbf{b}/k - \mathbf{c}/l$ と **G**，$\mathbf{c}/l - \mathbf{a}/h$ と **G** がそれぞれ直交することがわかる．結局，これら 3 つの結果は **G** が (hkl) 面と直交することを示している．次に，(hkl) 面の面間隔 $d(hkl)$ は，例えば $\mathbf{a}/h$ の **G** への射影であるから，

$$d(hkl) = \mathbf{a}/h \cdot \mathbf{G}/G = 2\pi/G \tag{3.7}$$

となる．（証明終）

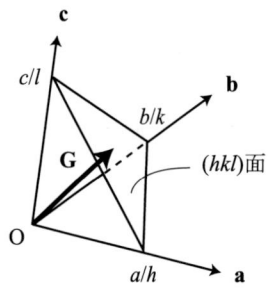

図 3-3　(hkl) 面と逆格子ベクトル **G**．**G** は (hkl) 面に直交する．

3.3 実格子の Fourier 級数展開

前節で導入した逆格子は実格子と 1 対 1 に対応するものである．数学的には実空間の結晶格子（実格子）を Fourier 変換すると逆格子になる．ここでは，Bragg の反射条件の一般化を行うための準備として実格子の Fourier 級数展開を行うことにする．第 2 章で述べたように，実格子は

$$\mathbf{T} = u_1 \mathbf{a} + u_2 \mathbf{b} + u_3 \mathbf{c} \tag{3.8}$$

という並進操作について不変である．ただし，u_1, u_2, u_3 は整数である．実際の結晶では原子（または分子）が周期的に配列しているが，電子（の密度）もそれに応じて同様の周期的配列（周期的関数）を有していると考えられる．電磁波である X 線を実際に散乱するのは電子であることが知られているので，以下では電子密度 $n(\mathbf{r})$ について考える．上の議論から

$$n(\mathbf{r} + \mathbf{T}) = n(\mathbf{r}) \tag{3.9}$$

であることがわかる．このような周期関数は Fourier 級数に展開すると扱いやすい．簡単のため一次元の電子密度 $n(x)$ を考えると，

$$n(x) = n_0 + \sum_j [C_j \cos(2\pi jx/a) + S_j \sin(2\pi jx/a)] \tag{3.10}$$

とかける．ここに，j は正の整数，また C_j, S_j は実数（Fourier 係数）である．(3.10) が周期 a をもつことは

$$n(x+a) = n_0 + \sum_j [C_j \cos(2\pi jx/a + 2\pi j) + S_j \sin(2\pi jx/a + 2\pi j)]$$

$$= n_0 + \sum_j [C_j \cos(2\pi jx/a) + S_j \sin(2\pi jx/a)] = n(x) \tag{3.11}$$

のように確かめられる．ここで，公式

$$e^{i\alpha} = \cos\alpha + i\sin\alpha \tag{3.12}$$

に注意しながら

$$n(x) = \sum_j n_j \exp(2\pi i jx/a) \tag{3.13}$$

とかくことにする（i は虚数単位）．ただし，上式の足し算は正，負，0 を含むすべての整数 j について行うものとし，複素数の係数 n_j について

$$n_{-j}^* = n_j \tag{3.14}$$

が成り立つとする．なお，* は共役複素数をあらわす．条件 (3.14) は $n(x)$ が常に実数となるために必要なものである．三次元の電子密度 $n(\mathbf{r})$ についても (3.13) と同様に

$$n(\mathbf{r}) = \sum_{\mathbf{G}} n_{\mathbf{G}} \exp(i\mathbf{G}\cdot\mathbf{r}) \tag{3.15}$$

とかくことができる．ここに **G** は一次元の場合の $2\pi j/a$ に対応するベクトルであるが，実はこれは先に (3.5) で定義した逆格子ベクトルに一致する．このことを確かめてみよう．そのためには，**G** が (3.5) 式の逆格子ベクトルであるとして，(3.15) 式が周期性の条件 (3.9) 式を満たすかどうかしらべればよい．(3.15) より，

$$n(\mathbf{r}+\mathbf{T}) = \sum_{\mathbf{G}} n_{\mathbf{G}} \exp(i\mathbf{G}\cdot\mathbf{r})\exp(i\mathbf{G}\cdot\mathbf{T}) \tag{3.16}$$

であるが，ここで (3.3), (3.4), (3.5) を用いると，

$$\exp(i\mathbf{G}\cdot\mathbf{T}) = \exp[i(h\mathbf{a}^*+k\mathbf{b}^*+l\mathbf{c}^*)\cdot(u_1\mathbf{a}+u_2\mathbf{b}+u_3\mathbf{c})]$$
$$= \exp[2\pi i(hu_1+ku_2+lu_3)] = 1 \tag{3.17}$$

となる．したがって $n(\mathbf{r}+\mathbf{T}) = n(\mathbf{r})$ が成り立つ．これは (3.8) 式であらわされるすべての並進操作 **T** について成り立つ．なお，(3.15) 式の足し算はすべての h, k, l について（すべての逆格子点について）行うことに注意しよう．

3.4 逆格子と波の散乱

　この節では，逆格子を用いてX線のような波が結晶により回折を起こすための条件を考える．まず，図 3-4 に示すように波数ベクトル **k** のX線が結晶に入射し，波数ベクトル **k′** の散乱X線が生じたとする．第1章で述べたように波数ベクトルは波の進行方向をあらわすもので，その大きさは波長を λ とすると $2\pi/\lambda$ である．このように k は G と同様に長さの逆数の次元をもつことがわかる．ここでは**弾性散乱**（elastic scattering）（Thomson 散乱ともいう）のみを考えるので，$k = k'$ とする．弾性散乱とは入射波と散乱波が等しいエネルギーをもつ散乱であり，このとき，波長，波数ベクトルの大きさ，振動数は散乱前後で変化しない．波数ベクトル **k** をもつ平面波の波動関数は，一般に複素関数を用いて

$$\psi = A'\exp[i(\mathbf{k}\cdot\mathbf{r}-\omega t)] \tag{3.18}$$

のようにあらわされる．これは，第1章において Schrödinger の波動関数を (1.9) 式のように

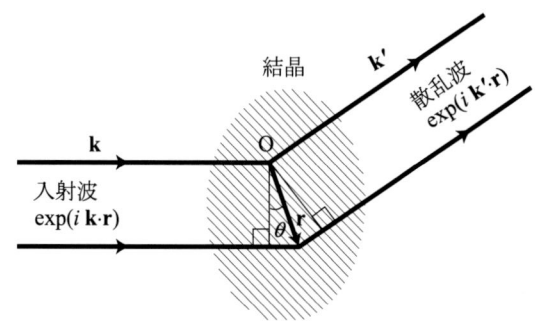

図 3-4　結晶による波の散乱

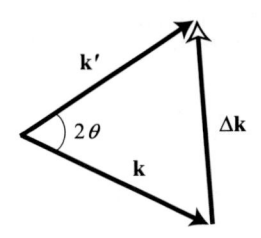

図 3-5 散乱ベクトル $\Delta\mathbf{k}$ の定義．θ は入射 X 線と結晶格子面との角である（図 3-2 参照）．弾性散乱の場合，$|\mathbf{k}| = |\mathbf{k}'|$ である．

あらわすのと同様のやり方である．以下では煩雑を避けるため，場所の関数の部分のみを取り出して X 線の波動関数を

$$\phi = A\exp(i\mathbf{k}\cdot\mathbf{r}) \tag{3.19}$$

とかくことにする．

さて，結晶試料内のどこかに原点 O をとり，そこを基準に $\mathbf{r}$ の位置での散乱 X 線を考える．位置 $\mathbf{r}$ と原点における入射 X 線の光路差は図 3-4 より $r\sin\theta$ であり，それによる位相差（位相角の差）は $2\pi r\sin\theta/\lambda$ となる．$k = 2\pi/\lambda$ であることを考えると，位相差は $\mathbf{k}\cdot\mathbf{r}$ とかくことができる．同様の議論により，位置 $\mathbf{r}$ と原点からの散乱 X 線の位相差は $-\mathbf{k}'\cdot\mathbf{r}$ となる．結局，入射してから散乱されるまでの過程を総合すると，生じる位相差は $(\mathbf{k}-\mathbf{k}')\cdot\mathbf{r}$ である．このような散乱波は原点からの散乱波に対して位相因子 $\exp[i(\mathbf{k}-\mathbf{k}')\cdot\mathbf{r}]$ をもつことになる．散乱波の振幅が電子密度に比例するとすれば，位置 $\mathbf{r}$ からの散乱波の振幅は

$$n(\mathbf{r})\exp[i(\mathbf{k}-\mathbf{k}')\cdot\mathbf{r}] = n(\mathbf{r})\exp(-i\Delta\mathbf{k}\cdot\mathbf{r}) \tag{3.20}$$

とかいてもよいだろう．ここに，$\Delta\mathbf{k}$ は**散乱ベクトル**（scattering vector）とよばれるものであり

$$\Delta\mathbf{k} = \mathbf{k}' - \mathbf{k} \tag{3.21}$$

のように定義される（図 3-5 参照）．全散乱波の振幅 F は，X 線が照射されている結晶の全領域にわたって (3.20) を体積積分すれば求められる．すなわち，

$$F = \int n(\mathbf{r})\exp(-i\Delta\mathbf{k}\cdot\mathbf{r})\,\mathrm{d}V \tag{3.22}$$

である．周期的に配列している等価な格子点まわりの電子密度分布はすべて等しいので，(3.22) の積分は各基本単位格子からの散乱 X 線振幅の総和に置き換えられ，さらに因子 $n(\mathbf{r})$ は基本単位格子についての和記号の外に出せる．よって，

$$F \propto N \sum_{u_1}\sum_{u_2}\sum_{u_3} \exp(-i\Delta\mathbf{k}\cdot\mathbf{r}) \tag{3.23}$$

が得られる．ここに，N は結晶中の格子点の総数であり，$\mathbf{r} = u_1\mathbf{a} + u_2\mathbf{b} + u_3\mathbf{c}$ である．この式は次のように変形できる．

$$N\sum_{u_1}\sum_{u_2}\sum_{u_3}\exp(-i\Delta\mathbf{k}\cdot\mathbf{r}) = N\sum_{u_1}^{M_1}\exp(-iu_1\Delta\mathbf{k}\cdot\mathbf{a})\sum_{u_2}^{M_2}\exp(-iu_2\Delta\mathbf{k}\cdot\mathbf{b})\sum_{u_3}^{M_3}\exp(-iu_3\Delta\mathbf{k}\cdot\mathbf{c}) \quad (3.24)$$

ここに，M_1, M_2, M_3 はそれぞれ **a**, **b**, **c** 軸方向の単位格子の総数であり，$N = M_1 M_2 M_3$ である．以下では煩雑を避けるため，**a** 軸方向についての因子

$$F_a = \sum_{u_1=1}^{M_1}\exp(-iu_1\Delta\mathbf{k}\cdot\mathbf{a}) \quad (3.25)$$

のみを考える．等比級数の和の公式

$$\sum_{n=0}^{M-1}\alpha^n = \frac{1-\alpha^M}{1-\alpha} \quad (3.26)$$

を用いると，

$$F_a = \frac{1-\exp(-iM_1\Delta\mathbf{k}\cdot\mathbf{a})}{1-\exp(-i\Delta\mathbf{k}\cdot\mathbf{a})}\exp(-i\Delta\mathbf{k}\cdot\mathbf{a}) \quad (3.27)$$

となる．散乱X線強度は散乱波の振幅の二乗，すなわち

$$|F_a|^2 = F_a^* F_a = \frac{\sin^2[(M_1/2)(\Delta\mathbf{k}\cdot\mathbf{a})]}{\sin^2[(1/2)(\Delta\mathbf{k}\cdot\mathbf{a})]} = \frac{\sin^2(M_1 \Delta k_a a/2)}{\sin^2(\Delta k_a a/2)} \quad (3.28)$$

に比例する．ここに Δk_a は $\Delta\mathbf{k}$ の **a** 軸方向の成分である．$|F_a|^2$ を $\Delta k_a a/2$ に対してプロットすると，図 3-6 のようになる．$\Delta k_a = 2\pi h/a$ ($h = 0, 1, 2, 3, ...$) のとき，散乱強度が極大となり，こ

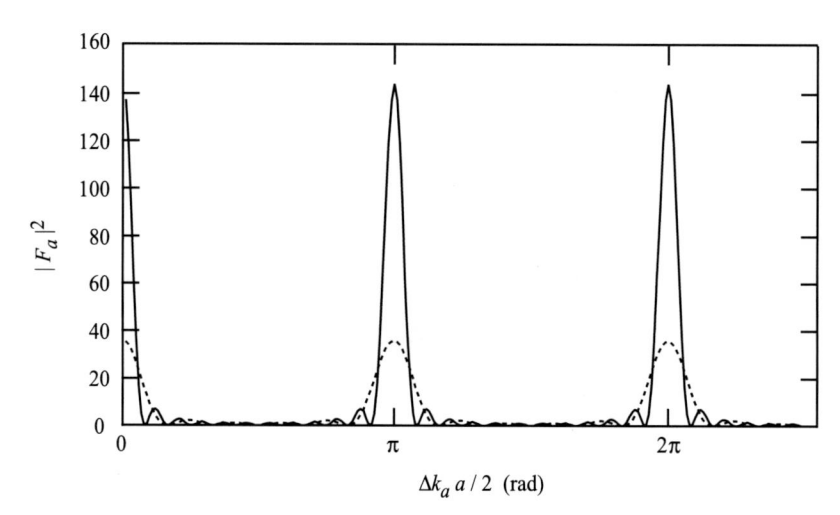

図 3-6　散乱X線強度に比例する因子 $|F_a|^2$ の $\Delta k_a a/2$ に対するプロット．$\Delta k_a a/2 = h\pi$ のところでピークがあらわれる．実線は $M_1 = 12$ の場合，点線は $M_1 = 6$ の場合をそれぞれあらわす．M_1 が大きくなるにつれてピークが鋭くなる．

れら以外の Δk_a では散乱強度は非常に小さくなることがわかる．また，この傾向は格子点の数 M_1 が大きいほど顕著になる．M_1 が大きいというのは，試料の結晶が大きいことを意味するが，例えば結晶が数 mm 程度の巨視的な大きさをもつ場合，M_1 は 10^7 程度と非常に大きく，$\Delta k_a = 2\pi h/a$ 以外での散乱強度は実質的に無視できるようになる．(3.28) 式のような関数は一般に **Laue（ラウエ）関数**（Laue function）とよばれる．

さて，上の議論で導かれた散乱極大のあらわれる条件 $\Delta k_a = 2\pi h/a$ が Bragg の反射条件に相当することは容易に推測できるだろう．このように Bragg 反射は散乱ベクトル $\Delta \mathbf{k}$ がある特別な条件を満足するときに生じるものである．では，三次元結晶からの Bragg の反射条件（$\Delta \mathbf{k}$ の満たすべき条件）はどのようにあらわされるだろうか？　ここでもう一度散乱振幅の式 (3.22) にもどって考えよう．これに (3.15) 式を代入すると，

$$F = \sum_G \int n_G \exp[i(\mathbf{G} - \Delta \mathbf{k}) \cdot \mathbf{r}] dV \tag{3.29}$$

となる．ここで，

$$\Delta \mathbf{k} = \mathbf{G} \tag{3.30}$$

のとき，(3.29) の指数関数の因子が 1 となり，F は 0 でない有限の値をもつ．こうしてこれが Bragg 反射のための条件であることが予想される．(3.30) 式は散乱ベクトルと逆格子ベクトルが一致することを意味する．このとき，$F = n_G V$ となる．ここに V は X 線が照射されている結晶部分の全体積である．(3.30) 式の両辺に $\mathbf{a}$, $\mathbf{b}$, $\mathbf{c}$ との内積をほどこして (3.3), (3.4) 式を用いて変形すると，

$$\begin{cases} \mathbf{a} \cdot \Delta \mathbf{k} = \mathbf{a} \cdot \mathbf{G} = \mathbf{a} \cdot (h\mathbf{a}^* + k\mathbf{b}^* + l\mathbf{c}^*) = 2\pi h \\ \mathbf{b} \cdot \Delta \mathbf{k} = \mathbf{b} \cdot \mathbf{G} = \mathbf{b} \cdot (h\mathbf{a}^* + k\mathbf{b}^* + l\mathbf{c}^*) = 2\pi k \\ \mathbf{c} \cdot \Delta \mathbf{k} = \mathbf{c} \cdot \mathbf{G} = \mathbf{c} \cdot (h\mathbf{a}^* + k\mathbf{b}^* + l\mathbf{c}^*) = 2\pi l \end{cases} \tag{3.31}$$

が導かれる．これらの式は図 3-6 で散乱極大（Bragg 反射）をあたえる条件 $\Delta k_a = 2\pi h/a$ と同等のものであり，したがって Bragg の反射条件をあらわすことがわかる．(3.31) 式を **Laue 方程式**（Laue equations）という．三次元系で Bragg 反射が生じるのは，これら 3 つの式がすべて満たされたときのみであることに注意しておこう．

以下に，(3.30) から (3.1) を導くことにより，(3.30) が Bragg の反射条件であることを確かめてみよう．$k = 2\pi/\lambda$, $k = k'$（弾性散乱）であるので，図 3-5 より

$$\Delta k = 2k \sin \theta = (4\pi/\lambda) \sin \theta \tag{3.32}$$

であることがわかる．また，3.2 節で証明したように $d(hkl) = 2\pi/G$ であるので，$\Delta k = G$ より

$$2d(hkl) \sin \theta = \lambda \tag{3.33}$$

が導かれる．これは (3.1) 式の $n = 1$ の場合に一致する．$\mathbf{G}$ を定義する h, k, l が公約数 n を

もつとすれば(3.1)式が導かれる．(3.1)式は単に面間隔，入射角，波長の関係を示すものであるが，(3.30)式は散乱ベクトルと逆格子ベクトルの向きと大きさがいずれも一致するということを意味する．これはベクトルの方向を含めたより一般性の高いBragg条件をあらわしているといえる．

(3.30)式はまた

$$2\mathbf{k}\cdot\mathbf{G} + G^2 = 0 \tag{3.34}$$

あるいは，

$$2\mathbf{k}\cdot\mathbf{G} = G^2 \tag{3.35}$$

とかくこともできる．(3.35)は逆格子ベクトル$\mathbf{G}$を$-\mathbf{G}$に置き換えて導くことができる．これらもBraggの反射条件をあらわす式として用いられる．

ところで，(3.35)式の両辺を4で割ると，Braggの反射条件は

$$\mathbf{k}\cdot\frac{1}{2}\mathbf{G} = \left(\frac{G}{2}\right)^2 \tag{3.36}$$

となる．図3-7においてこの式の幾何学的な意味を考えてみよう．ある逆格子ベクトル$\mathbf{G}$の垂直二等分線Aを引くと，原点から直線A上の任意の点へ結んだベクトル$\mathbf{k}$はBraggの条件(3.36)を満足する．すなわち，このような$\mathbf{k}$を波数ベクトルとする波が入射すると，それは$\mathbf{G}$に対応する格子面によってBragg反射されることになる．このとき，反射波の波数ベクトル$\mathbf{k}'$は図のように$\mathbf{k}-\mathbf{G}$となる((3.35)式の導出の際，$\Delta\mathbf{k} = -\mathbf{G}$としていることに注意せよ)．

逆格子ベクトルの大きさと波数は同じ次元をもつので，図3-7のような作図は逆格子ベクトルと波数ベクトルの関係を幾何学的に理解するのに役立つ．3.2節で述べたように，逆格子の軸ベクトル$\mathbf{a}^*$, $\mathbf{b}^*$, $\mathbf{c}^*$を用いて逆格子空間（波数空間）内に格子（逆格子）をつくることができる．このように逆格子を図示したもの（**逆格子図**という）の例を図3-8に示す．

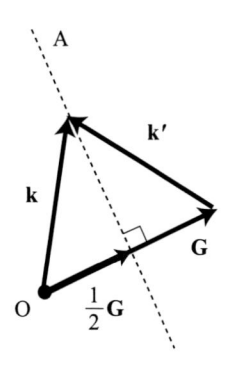

図3-7 Braggの条件(3.36)式の逆格子空間（波数空間）における幾何学的意味．直線Aは逆格子ベクトル$\mathbf{G}$の垂直二等分線であり，原点からA上の任意の点へ結んだベクトル$\mathbf{k}$はBragg条件を満たす．このとき，反射波$\mathbf{k}'$が生じる．

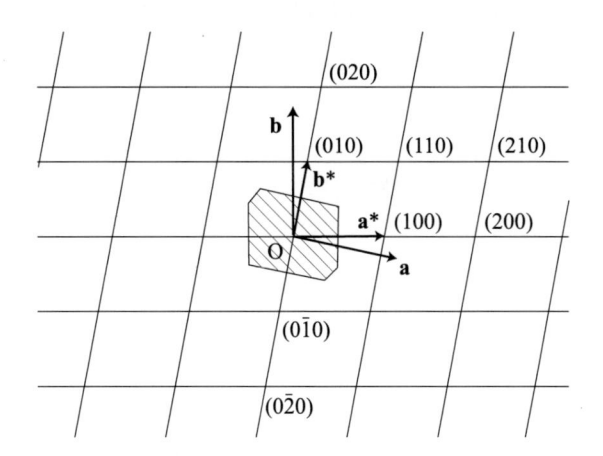

図 3-8 二次元（**a***–**b*** 面）の逆格子図の例．**c*** 軸は紙面に垂直（手前）に向いているとする．いくつかの格子点について，対応する Miller 指数を示してある．また，斜線部分は第一 Brillouin ゾーンであり，**a**，**b** は実空間の単位格子ベクトルである．

この図は **a***–**b*** 面について示したものであるが，**c*** 軸は紙面に垂直に手前方向にあるとしている．また，**a**，**b** は対応する実空間の単位格子（実格子）ベクトルである．ここで，逆格子図中のそれぞれの格子点は実空間の結晶格子面（群）に対応していることに注意しよう．図 3-8 には，いくつかの格子点について，それらに対応する格子面の Miller 指数を示してある．

一般に，逆格子空間において原点と各々の逆格子点とを結ぶ線分の垂直二等分面で囲まれた最小の空間を**第一 Brillouin（ブリルアン）ゾーン**（first Brillouin zone）とよぶ．これは，逆格子における Wigner-Seitz セル（図 2-4 参照）である．例えば図 3-8 においては，原点 O を起点としたベクトル **a***, −**a***, **b***, −**b***, **a*** − **b***, **b*** − **a*** についてそれぞれ垂直二等分線を引くと，これらによって囲まれた領域が第一 Brillouin ゾーンとなる（図中の斜線部分）．図 3-7 についての議論からわかるように，原点と第一 Brillouin ゾーンの境界とを結ぶ波数ベクトルをもつ波は Bragg 反射されることになる．第一 Brillouin ゾーンは，後の章で述べる格子振動や電子のバンド構造において重要な意味をもつ．

3.5 構造因子と原子散乱因子

(3.22) 式であらわされる X 線の全散乱振幅は，N 個の基本単位格子からなる結晶については

$$F = N \int_c n(\mathbf{r}) \exp(-i\mathbf{G} \cdot \mathbf{r}) \, dV = NS_G \tag{3.37}$$

のようにかける．ここに $\int_c$ は基本単位格子内での積分を意味する．また，S_G は 1 個の単位格

子からの散乱振幅をあらわすものであり，**構造因子**（structure factor）とよばれる．基本単位格子内にs個の原子があるとすると，電子密度$n(\mathbf{r})$はこれらs個の原子からの寄与の和となる．すなわち，

$$n(\mathbf{r}) = \sum_{j=1}^{s} n_j(\mathbf{r} - \mathbf{r}_j) \tag{3.38}$$

とかける．ここに，n_jはj番目の原子に属する電子の密度であり，$\mathbf{r}_j$はj番目の原子の位置ベクトルである．(3.37) より

$$S_\mathbf{G} = \sum_{j=1}^{s} \int n_j(\mathbf{r}-\mathbf{r}_j) \exp(-i\mathbf{G}\cdot\mathbf{r}) \mathrm{d}V = \sum_{j=1}^{s} \exp(-i\mathbf{G}\cdot\mathbf{r}_j) \int n_j(\mathbf{R}) \exp(-i\mathbf{G}\cdot\mathbf{R}) \mathrm{d}V$$

$$= \sum_{j=1}^{s} f_j \exp(-i\mathbf{G}\cdot\mathbf{r}_j) \tag{3.39}$$

である．ここにf_jは**原子散乱因子**（atomic scattering factor）とよばれ，

$$f_j = \int n_j(\mathbf{R}) \exp(-i\mathbf{G}\cdot\mathbf{R}) \mathrm{d}V \tag{3.40}$$

で定義される．また，$\mathbf{R} = \mathbf{r} - \mathbf{r}_j$である．$f_j$はその原子がどれくらい強くX線を散乱させることができるか（散乱能）をあらわすパラメータであり，一般に原子番号が大きいものほど大きい．これは，原子番号が大きい原子ほど多くの電子を含むからである．ここで単位格子内のj番目の原子の位置を

$$\mathbf{r}_j = x_j \mathbf{a} + y_j \mathbf{b} + z_j \mathbf{c} \tag{3.41}$$

とかくと，

$$S_\mathbf{G} = S(hkl) = \sum_j f_j \exp[(-i(h\mathbf{a}^* + k\mathbf{b}^* + l\mathbf{c}^*)\cdot(x_j\mathbf{a} + y_j\mathbf{b} + z_j\mathbf{c})]$$

$$= \sum_j f_j \exp[(-2\pi i(hx_j + ky_j + lz_j)] \tag{3.42}$$

となる．基本単位格子からのX線散乱（回折）強度は$S^*(hkl)S(hkl)$であたえられる．したがって (3.42) 式は，基本単位格子内のすべての原子の座標と原子散乱因子がわかれば(hkl)面からのX線回折強度を計算できることを示している．

以下に体心立方格子（図2-10参照）を例にとり，その構造因子$S(hkl)$を計算してみよう．体心立方格子の各頂点と格子の中心に原子散乱因子がfの等価な原子が配置されている場合を考える．この格子内には2個分の原子が含まれる．これら2個の座標が$(x_1, y_1, z_1) = (0, 0, 0)$と$(x_2, y_2, z_2) = (1/2, 1/2, 1/2)$であるとすると，構造因子は (3.42) より

$$S(hkl) = f\{1 + \exp[-\pi i(h + k + l)]\} \tag{3.43}$$

となる．この式から $h + k + l$ が奇数のときは $S(hkl) = 0$，偶数のときは $S(hkl) = 2f$ であることがすぐにわかる．すなわち，前者の場合はX線回折が起こらないことになる．この例ように，ある一定の関係をもった h, k, l の組に関して $S(hkl) = 0$ となる場合，その一定の関係を一般に**消滅則**（extinction rule）という．この例では $h + k + l$ が奇数というのが消滅則である．消滅則は未知の結晶の格子の型を決定する際の重要な手がかりの1つである．

演習問題

3.1 (3.13) 式であらわされる $n(x)$ は実数であることを確かめよ．

3.2 単位格子ベクトルが **a**, **b**, **c** である実格子について，その逆格子の単位格子の体積を求めよ．

3.3 (3.27) 式から (3.28) 式を導け．

3.4 Bragg の反射条件をあらわす (3.30) 式から (3.34) 式を導け．また，(3.35) 式から $2d \sin \theta = \lambda$ を導け．

3.5 一辺が a の単純立方格子における (hkl) 面の面間隔を求めよ．

3.6 斜方晶（単位格子ベクトル **a**, **b**, **c** が互いに直交する）の格子定数が $a = 0.30$ nm, $b = 0.60$ nm, $c = 0.50$ nm のとき，(020) 面の面間隔はいくらか？ また，(020) 面に対応する逆格子ベクトルの大きさはいくらか？

3.7 斜方晶の (hkl) 面の面間隔を d としたとき，$(1/d)^2$ を a, b, c, h, k, l を用いてあらわせ．

3.8 面心立方格子の構造因子 $S(hkl)$ を求めよ．また，その消滅則をしらべよ．

3.9 格子定数が $a = 0.35$ nm, $b = 0.50$ nm, $c = 0.60$ nm, $\alpha = 60°$, $\beta = \gamma = 90°$ の結晶について以下に答えよ．

(a) この結晶の単位格子の概形を描け．

(b) (110) 面を図示せよ．

(c) 逆格子の軸ベクトル **a***, **b***, **c*** の大きさをそれぞれ求めよ．

(d) **b*** と **c*** とのなす角はいくらか？

(e) (110) 面に対する逆格子ベクトル **G** の大きさはいくらか？

(f) (110) 面の面間隔はいくらか？

4
結晶の熱的性質

 第2章でみたように，固体結晶中での原子や分子はある定まった規則配列をしているが，実際はその平衡位置の近傍で微小振動（熱振動）している．このような原子の振動は格子振動とよばれ，特に固体の比熱や熱伝導などの熱的性質を理解する上で基本となる現象である．格子振動はまた量子力学的な取り扱いにより，フォノンとよばれる擬似的粒子とみなすことができる．この章では，格子振動やフォノンの概念により実際の固体の熱容量や熱伝導特性の温度依存性がどのように説明されるかを述べる．

4.1 固体の熱容量と Einstein モデル

 まず，固体の重要な熱的性質（thermal properties）である熱容量（heat capacity）について考えよう．熱容量 C は

$$C = \frac{\partial U}{\partial T} \tag{4.1}$$

のように定義される．ここに，U は固体物質の内部エネルギーである．固体中の原子の熱運動は平衡位置近辺での弾性振動であると考えてよい．このような結晶格子中における原子の振動を**格子振動**（lattice vibration）という．格子振動を行う原子の全エネルギーは運動エネルギーと弾性ポテンシャルエネルギーとの和である．古典的なエネルギー等分配則によると，運動エネルギーとポテンシャルエネルギーはどちらも 1 自由度当たり $(1/2)k_BT$ であり，この 2 つの和は k_BT となる．ここに，k_B は Boltzmann 定数である．このことを，**振動子**（oscillator）1 個当たりの全エネルギーは k_BT であるという．N 個の原子からなる 3 次元結晶は $3N$ 個の振動子に相当するので，結局固体の内部エネルギーは

$$U = 3Nk_BT \tag{4.2}$$

となる．これより，固体の熱容量に関する次の **Dulong-Petit**（デュロン-プティ）**の法則**（Dulong-Petit law）

$$C = 3Nk_B \tag{4.3}$$

が導かれる．(4.3) 式は固体の熱容量が温度や物質の種類によらないことを示している．高温においては多くの固体物質についてこの法則はよく成り立つ．しかしながら，温度が低くなるにつれて熱容量は減少していくことが知られており，絶対零度近傍では熱容量は絶対温度の三乗に比例するという経験則がある（いわゆる T^3 **法則**）．低温におけるこのような熱容量の温度依存性を説明するためのもっとも単純なモデルとして，**Einstein モデル**（Einstein model）がある．以下，この節ではこのモデルについて述べる．

Einstein モデルでは，結晶中の原子をそれぞれが独立に振動できる振動子に見立てる．原子の質量を M，その個数を N とすると，結晶は N 個の三次元振動子からなる．これを $3N$ 個の一次元振動子の集まりと考えてもよい．まず，一次元振動子 1 個のエネルギーを求めよう．ここではもっとも典型的な振動子である**調和振動子**（harmonic oscillator）を考える．これは，質点が Hooke の法則に従う力を受けて単振動するものである（ばねによる振動）．このとき，ポテンシャル $V(x)$ は

$$V(x) = \frac{1}{2} K x^2 \tag{4.4}$$

であたえられる．ここに K はばね定数である．この $V(x)$ を第 1 章で述べた Schrödinger 方程式 (1.27) に代入して解くと，かなりこみいった計算の結果，規格化した波動関数 $\phi_n(x)$ は

$$\phi_n(x) = \left(\frac{\sqrt{2M\omega/\hbar}}{2^n n!} \right)^{1/2} H_n\left(\sqrt{\frac{M\omega}{\hbar}} x \right) \exp\left(-\frac{M\omega x^2}{2\hbar} \right) \tag{4.5}$$

となる．ここに $H_n(x)$ は**エルミート多項式**（Hermite polynomial）とよばれる特殊関数であり，具体的には

$$H_0(x) = 1, \quad H_1(x) = 2x, \quad H_2(x) = 4x^2 - 2,$$
$$H_3(x) = 8x^3 - 12x, \quad H_4(x) = 16x^4 - 48x^2 + 12, \quad H_5(x) = 32x^5 - 160x^3 + 120x \tag{4.6}$$

などである．(4.5) 式に対応するエネルギー固有値は

$$\varepsilon_n = (n + 1/2)\hbar\omega \tag{4.7}$$

であたえられる．ここに $n = 0, 1, 2, 3, \ldots$ である．(4.7) 式は量子論的な調和振動子のエネルギー固有値をあらわすと考えてよい．また，n は振動状態（振動のモード）をあらわすパラメータであり，n が大きいほど振動のエネルギーは大きい．さらに，最低のエネルギー（$n = 0$ のとき）は $\hbar\omega/2$ であり，0 ではないことがわかる．このことは，波動性のため最低エネルギー状態でも静止状態は生じ得ないことに起因し，このような $n = 0$ での振動は**零点振動**（zero-point vibration）とよばれる．

さて，以上の結果より，$3N$ 個の一次元調和振動子のエネルギーは

$$U = 3N\langle \varepsilon \rangle = 3N\langle \hbar\omega(n + 1/2) \rangle = 3N\hbar\omega\langle n + 1/2 \rangle \tag{4.8}$$

となる．ここに⟨ ⟩は統計的な集団平均をあらわす．上式で⟨ε⟩ = $k_B T$とすればDulong-Petitの法則が導かれる．(4.8) 式より熱容量 C は

$$C = \frac{\partial U}{\partial T} = 3N\hbar\omega \frac{d\langle n \rangle}{dT} \tag{4.9}$$

となる．統計力学によれば，n の平均値はBoltzmann分布を仮定して

$$\langle n \rangle = \frac{\sum_n^\infty n \exp\left(-\frac{n\hbar\omega}{k_B T}\right)}{\sum_n^\infty \exp\left(-\frac{n\hbar\omega}{k_B T}\right)} \tag{4.10}$$

のようにあらわされる．この式は，$\exp[-n\hbar\omega/(k_B T)]$ という重みを付けて n の平均をとったものである．$\exp[-n\hbar\omega/(k_B T)]$ は一般に **Boltzmann因子**（Boltzmann factor）とよばれる．等比級数の和の公式 (3.26) を用いて (4.10) をかきかえると，結局

$$\langle n \rangle = \frac{1}{\exp\left(\frac{\hbar\omega}{k_B T}\right) - 1} = \frac{1}{\exp(\Theta_E/T) - 1} \tag{4.11}$$

が得られる．ここに Θ_E は **Einsteinの特性温度**（Einstein temperature）とよばれ，

$$\Theta_E = \hbar\omega/k_B \tag{4.12}$$

と定義される．(4.9) と (4.11) より，熱容量は

$$C = Nk_B \left(\frac{\Theta_E}{T}\right)^2 \frac{e^{\Theta_E/T}}{(e^{\Theta_E/T} - 1)^2} \tag{4.13}$$

となる．なお，(4.11) 式は第1章で述べたBose-Einstein分布関数 (1.47) 式と同じ形であることに注意しよう．三次元の系では，熱容量は (4.13) 式の3倍になる．(4.13) 式に基づいて熱容量の温度依存性をプロットすると図4-1の実線のようになる．いろいろな固体についての C の測定結果と比較すると，理論値は実験値より若干小さめではあるもののかなりよく似たグラフが得られる．図4-1から，温度が低くなるにつれ熱容量が急激に減少している様子がわかる．Einsteinモデルでは，量子論的な仮定（Schrödinger方程式）を用いたため，調和振動子のエネルギーが (4.7) 式のように $\hbar\omega$ 単位でのとびとびの値しかとれない．$\hbar\omega$ 以上のエネルギーを獲得しないと系は励起されないが，低温においては，$k_B T$ が $\hbar\omega$ に比べてきわめて小さくなるので，一定の温度上昇により励起されるモードの数は高温におけるよりも小さい．このことが低温において C が小さくなる原因であると解釈できる．また，高温の極限においては，(4.13) 式はDulong-Petitの法則に一致することが確かめられる．

　Einsteinモデルでは独立な振動子を仮定しているので，存在する角振動数は1種類のみ（ω）である．一方，実在の固体では振動数はかなり広い範囲に分布していると考えられるので，

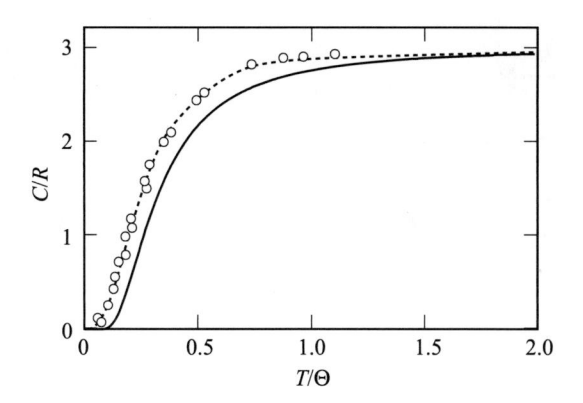

図 4-1 Einstein モデル（実線）と後述する Debye モデル（点線）による固体の熱容量 C の温度依存性．横軸は Einstein モデルについては T/Θ_E, Debye モデルについては T/Θ_D である．白丸は Ag, Al, グラファイト，Al_2O_3，KCl についての実験値（横軸は T/Θ_D）をあらわす．実験値は物質によらず1つの曲線であらわせることがわかる．また，Debye モデルは Einstein モデルよりも実験値によく一致することがわかる．

このモデルの仮定はかなり大胆であるといえる．それにもかかわらず，C の温度依存性については少なくとも大まかに実験値と一致しており，このモデルの考え方が本質的に間違っていないことを示唆している．

4.2 単原子結晶の格子振動

　Einstein モデルでは独立な振動子を考えたが，この節ではさらにモデルを実際の結晶に近づけるため，独立でない振動子による振動，すなわち**連成振動**（coupled oscillation）を考えることにする．実際の結晶内ではまったく独立に個々の原子が振動するわけではなく，他の原子との相互作用（原子間結合力など）のもとに連成振動を行うと考えるべきであろう．このような連成振動により生じる波は弾性変形のみに由来するので，**弾性波**（elastic wave）とよばれる．

　まず連成振動のもっとも簡単なモデルとして，原子1個を含む単純立方格子からなる結晶（単原子結晶）を考える．原子間相互作用のもとでの連成振動には多数のモードが考えられるが，ここでは簡単のため [100] 方向へ進行する波を考える．これには3個のモードがある．すなわち，進行方向と垂直方向に振動する**横波**（transverse wave）（振動方向が [010] と [001] の2個）のモードと，進行方向と平行（[100] 方向）に振動する**縦波**（longitudinal wave）のモードである．このうちのどれを考えても以下の議論は同じである．図 4-2 に横モードと縦モードの格子振動の様子を示す．この図の鉛直方向の同じ原子面内のすべての原子は，同位相で鉛直方向か，または進行方向に振動する．このような系の格子振動は，図 4-3 のような原子が Hooke の法則に従う仮想的なばねで連結された一次元格子モデルであらわすことがで

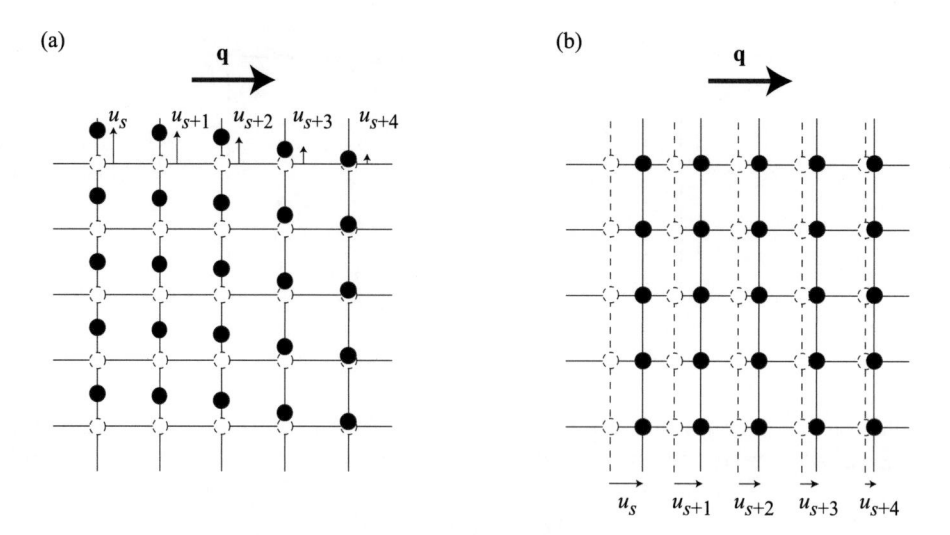

図 4-2 (a) 横モードの格子振動．(b) 縦モードの格子振動．いずれも進行波をあらわす．また，鉛直方向の実線は振動する原子面をあらわす．それぞれの変位（振幅）u_s は平衡位置からのずれである．**q** は格子振動による弾性波の波数ベクトルであり，波の進行方向をあらわす．

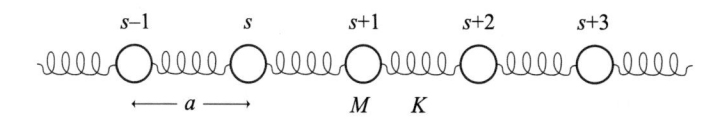

図 4-3 ばねで連結された原子からなる一次元格子モデル

きる．ここでは 1 つの原子面（列）を 1 個の原子で代表することになる．以下では，原子の質量を M，平衡位置での原子間距離を a，ばね定数を K，s 番目の原子面の平衡位置からのずれ（変位，すなわち振幅）を u_s とする．また，第一次近似として隣り合う原子間の弾性力のみを考慮する．そうすると s 番目の原子が受ける力は

$$F_s = K(u_{s+1} - u_s) + K(u_{s-1} - u_s) \tag{4.14}$$

となる．したがって，s 番目の原子の運動方程式は

$$M\frac{d^2 u_s}{dt^2} = K(u_{s+1} + u_{s-1} - 2u_s) \tag{4.15}$$

とかける．この方程式の解として波数 q の進行波

$$u_s = u_0 \exp(iqsa)\exp(-i\omega t) \tag{4.16}$$

を仮定する（de Broglie 波の波数は k であらわすが，格子振動の波数はこれと区別するため q を用いることにする）．これを (4.15) に代入すると，

$$\omega^2 = \frac{2K(1-\cos qa)}{M} = \frac{4K}{M}\sin^2(qa/2) \tag{4.17}$$

が得られる．(4.16) の進行波は図 4-3 のような一次元格子上を伝搬するが，この波がもし仮

に連続体中を進む波であるとすれば，その伝搬速度は

$$v_\mathrm{p} = \frac{\lambda\omega}{2\pi} = \omega/q \tag{4.18}$$

となる．ここに λ は進行波の波長である．上式の v_p を**位相速度**（phase velocity）とよぶことにする．

ここで，(4.17) で得られた ω と q の関係の意味するところについて考察してみよう．(4.17) に基づいて ω を q に対してプロットすると図 4-4 のようになる．このグラフの傾き

$$v_\mathrm{g} = \frac{\mathrm{d}\omega}{\mathrm{d}q} \tag{4.19}$$

は**群速度**（group velocity）とよばれ，格子上を伝搬する弾性波の実質的な速度をあらわす．なお，位相速度と群速度の意味については第 6 章でさらに詳しく述べる．ここでは，群速度 v_g の意味を図 4-2 (b) のような縦モードの格子振動を例にとってもう少し説明する．変位はこの図の右方向を正にとるとする．まず，s 番目の原子面が右方向へ変位したとすると，その隣り（$s+1$ 番目）の原子が少し遅れて右へ変位する．さらにこのような変位が $s+2$, $s+3$, $s+4$ 番目の原子面へと次々に伝搬していくことになるが，このような変位の伝搬速度が v_g である．図 4-4 から明らかなように，v_g は進行波 (4.16) の波数 q によって変化する．q が小さい場合は進行波の波長が長いので，例えば，$s+1$ 番目の原子面の s 番目の原子面に対する変位の遅れ（位相差）は小さい．q が大きくなるにつれて隣接する原子面の変位の遅れは大きくなる．これは，変位が伝わる速さが遅いことを意味し，したがって変位の伝搬速度 v_g は小さくなる．図 4-4 の曲線の傾きが q の増大とともに小さくなっているのはこのためである．そして $q = \pi/a$ になると，ついには隣接する原子面の変位の遅れがちょうど π になり，図 4-5 のような隣接する原子面が互いに逆方向に変位する振動になる．これは定在波であり，したがって伝搬速度 v_g は 0 となる．図 4-4 の曲線の傾きが $q = \pi/a$ で 0 になるのはこのことに対

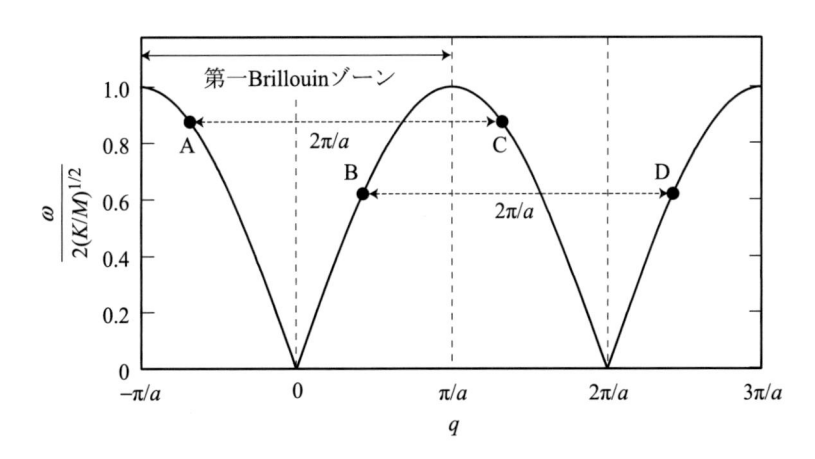

図 4-4 図 4-3 の一次元格子モデルについての ω の q 依存性

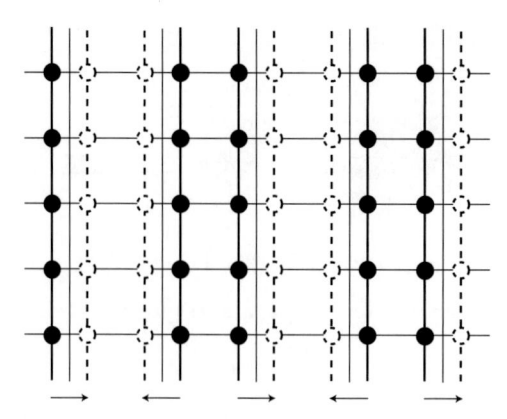

図 4-5 $q = \pi/a$ における縦モードの定在波の格子振動様式．隣接する原子面は互いに反対方向へ逆位相（位相差が π）で振動する．

応する．一方で，このときも (4.16) の進行波は仮想的な連続体中を $\omega/q = a\omega/\pi$ の速さで右向きに進むことになる．さらに q が大きくなると，変位の遅れが π を超えるので，実質的に変位が左方向へ伝搬すると見ることができる．これは図 4-4 の $q > \pi/a$ の領域で曲線の傾きが負になっていることに対応する．このような左方向への伝搬は，実は波数がちょうど $2\pi/a$ だけ小さい波と同じ v_g をもつ．すなわち，両者は区別がつかず，実質的に同じ弾性波をあらわすことになる．例えば図 4-4 の A と C，B と D はそれぞれ等価な格子振動に対応する．こう考えると結局，

$$-\frac{\pi}{a} < q \leq \frac{\pi}{a} \tag{4.20}$$

の領域の q のみを考えれば，存在しうるすべての格子振動を網羅できることになる．(4.20) の領域は第 3 章で定義した第一 Brillouin ゾーンであることに注意しよう．

一方，$qa \ll 1$ の場合，すなわち長波長の極限を考えると，(4.17) は

$$\omega^2 = (K/M) q^2 a^2 \tag{4.21}$$

となる．これより ω は q に正比例し，その比例係数 $\omega/q = (K/M)^{0.5} a$ が進行波の位相速度 v_p になるが，この場合は群速度も ω/q となり，位相速度に一致することになる．このような $qa \ll 1$ の極限は，$a \to 0$，すなわち連続体の極限とみなすこともできる．これは，弾性波の波長が格子定数に比べて充分大きい場合に相当すると考えてよい．実際，固体中を伝わる長波長の音波（縦モードの弾性波）の伝搬速度は q に依存しない．

以上のように，連成系の格子振動においては群速度は一般に波数に依存する．具体的には

$$v_g = (K/M)^{0.5} a \cos(qa/2) \qquad (0 \leq q \leq 2\pi/a) \tag{4.22}$$

である．一方，位相速度 v_p は

$$v_p = \omega/q = (2/q) (K/M)^{0.5} \sin(qa/2) \qquad (0 \leq q \leq 2\pi/a) \tag{4.23}$$

← a →

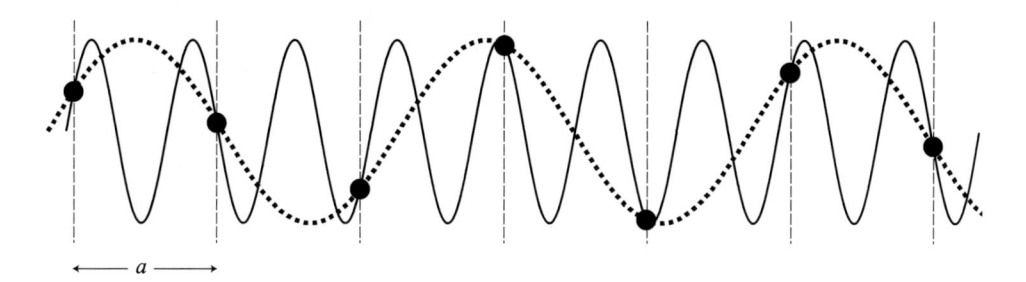

図 4-6 点線は図 4-4 の点 B ($q = q_1$) の波を，実線は点 D ($q = q_1+2\pi/a$) の波を，また黒丸は原子をあらわす．ここでは，横モードの振動であらわしてある．格子振動においては，原子間には振動する実体は存在しないので 2 つの波は区別がつかない．

となり，v_g と v_p は一致しない．このような現象を一般に**分散**（dispersion）とよぶ．分散は位相速度 ω/q が波長（したがって波数 q）に依存するときに生じる．また，図 4-4 に示したような関係（(4.17) 式）を**分散関係**（dispersion relation）という．分散がない場合，図 4-4 は原点を通る直線になる．連続体中の弾性波の伝搬においては分散がないことになる．このことから，図 4-4 のような分散関係は格子が連続体でないことに由来すると考えられる．図 4-6 に示すように，格子では原子と原子の間には何もないので，原子がない位置での変位はあくまでも便宜上の仮想的なものであることに注意しなければならない．いいかえると，変位が物理的に意味をもつのは，原子が存在する位置においてのみである．このように考えると，なぜ第一 Brillouin ゾーンの q のみですべての格子振動が網羅されるかが理解できる．すなわち，格子振動においては図 4-4 の点 B ($q = q_1$) と点 D ($q = q_1+2\pi/a$) の 2 つの波は区別がつかない（図 4-6）．結局，(4.16) 式の進行波は格子中では仮想的な波と考えるべきであろう．

格子中の弾性波は $q = \pi/a$ のとき定在波になることを述べた．この現象は，格子内を伝搬する $q = \pi/a$ の進行波が格子により Bragg 反射されて，逆方向へ進行する波（反射波）が発生し，これら 2 つの波の重ね合わせにより定在波が生じるとも解釈できる．実際，$q = \pi/a$ が Bragg の反射条件に対応することはすぐに確かめられる（演習 **4.2**）．よく似た現象が周期ポテンシャル中の電子の挙動で見られる．これについては第 6 章で述べる．

4.3　2 種類の原子を含む結晶の格子振動

この節では，やや複雑な系として 2 種類の原子が 1:1 の割合で含まれる結晶（NaCl や KBr など）の格子振動のモデルを扱う．この場合，図 4-7 に示すような一次元の格子モデルを考えるのが妥当であろう．このモデルでは 2 種類の原子（質量は M_1 と M_2）が交互に配列し，すべて等価なばね（ばね定数 K）で連結されているとする．前節と同様に最隣接原子間の相

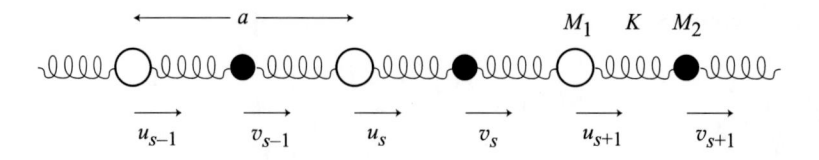

図4-7 2種類の異なる原子を含む一次元格子モデル．格子定数 a のとり方に注意．

互作用のみを考慮すると，運動方程式は

$$\begin{cases} M_1 \dfrac{d^2 u_s}{dt^2} = K(v_s + v_{s-1} - 2u_s) \\ M_2 \dfrac{d^2 v_s}{dt^2} = K(u_s + u_{s+1} - 2v_s) \end{cases} \quad (4.24)$$

とあらわされる．ここに u_s は質量 M_1 の原子の変位を，また v_s は質量 M_2 の原子の変位をあらわす．これらの解，すなわち2種類の原子の変位をそれぞれ

$$\begin{cases} u_s = u_0 \exp(iqsa)\exp(-i\omega t) \\ v_s = v_0 \exp(iqsa)\exp(-i\omega t) \end{cases} \quad (4.25)$$

とおく．これらを (4.24) 式に代入すると，u_0，v_0 についての2元連立方程式

$$\begin{cases} -\omega^2 M_1 u_0 = Kv_0[1+\exp(-iqa)] - 2Ku_0 \\ -\omega^2 M_2 v_0 = Ku_0[1+\exp(iqa)] - 2Kv_0 \end{cases} \quad (4.26)$$

が得られる．上式が非自明解をもつためには

$$\begin{vmatrix} 2K - M_1\omega^2 & -K[1+\exp(-iqa)] \\ -K[1+\exp(iqa)] & 2K - M_2\omega^2 \end{vmatrix} = 0 \quad (4.27)$$

でなければならない．これを変形すると，ω^2 についての二次方程式

$$M_1 M_2 \omega^4 - 2K(M_1 + M_2)\omega^2 + 2K^2(1-\cos qa) = 0 \quad (4.28)$$

が得られ，その解は

$$\omega^2 = \frac{K(M_1+M_2) \pm \sqrt{K^2(M_1+M_2)^2 - 2M_1 M_2 K^2(1-\cos qa)}}{M_1 M_2} \quad (4.29)$$

となる．上記2つの解に対応して，2つの分散関係が導かれる．これらのうち，符号±がマイナスの方は**音響分枝**（acoustic branch），プラスの方は**光学分枝**（optical branch）とよばれる．$M_1 > M_2$ の場合のこれらの分散関係を図4-8に示す．長波長極限 $qa \ll 1$ においては

$$\omega^2 \approx \frac{Kq^2 a^2}{2(M_1+M_2)} \qquad (音響分枝) \quad (4.30)$$

$$\omega^2 \approx 2K\left(\frac{1}{M_1} + \frac{1}{M_2}\right) \qquad (光学分枝) \quad (4.31)$$

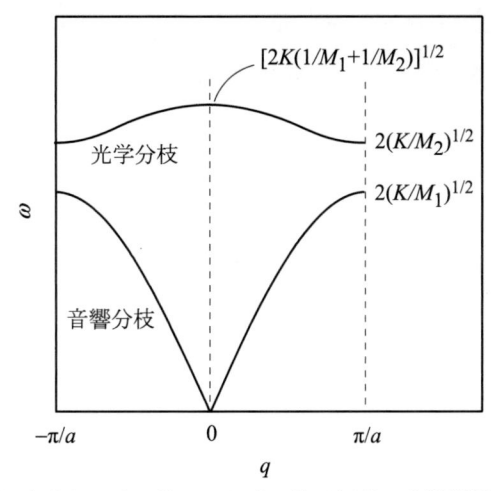

図 4-8 2種類の異なる原子を含む一次元格子における格子振動の分散関係．$M_1 > M_2$ の場合を示す．

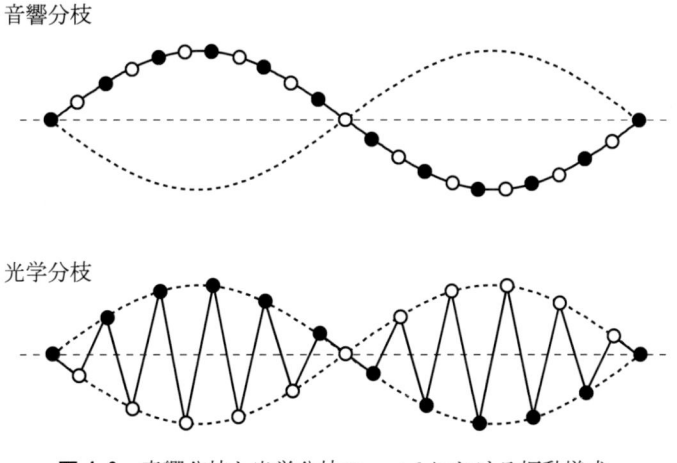

図 4-9 音響分枝と光学分枝の $q \to 0$ における振動様式

となる．

音響分枝，光学分枝それぞれの $q \to 0$ における振動の様子を図 4-9 に示す．イオン性結晶では，図 4-7 のモデルの 2 種類の原子は反対符号の電荷をもつ 2 種類のイオンに置き換えられるので，その光学分枝は分極を伴う振動となる．このような振動モードは電磁波により励起することができる．光学という名前はこのことに由来している．格子振動には縦波と横波があるので，これに対応して縦音響分枝（LA），横音響分枝（TA），縦光学分枝（LO），横光学分枝（TO）が存在する．一般に，基本単位格子内に m 個の原子が存在する三次元の結晶では，3 個の音響分枝と $3m-3$ 個の光学分枝があることがわかっている．

固体中の格子振動は固体全体にわたる弾性波をもたらす．このような弾性波は量子力学的な取り扱いにより擬似的な粒子とみなすことができる．固体中の弾性波（熱励起状態）を量

子化した粒子は，一般に**フォノン**（phonon）とよばれる．フォノン1個のエネルギーは$\hbar\omega$，運動量は$\hbar q$である．n個のフォノンが存在する系のエネルギーは，(4.7)と同様に

$$\varepsilon = (n+1/2)\hbar\omega \tag{4.32}$$

であたえられる．また，フォノンの数$\langle n \rangle$はBose-Einstein型の分布関数(4.11)式であたえられる．すなわちフォノンはBose粒子である．nを量子数とみれば，(4.32)は調和振動の第n番目の励起状態のエネルギーをあらわすとも解釈できる．

4.4 Debyeモデルによる熱容量

上述の格子振動の取り扱いでは隣接する原子間の相互作用に由来する連成振動を仮定したが，このような仮定はもちろんEinsteinモデルのような独立した調和振動子モデル（単一の振動数のみを仮定）よりもはるかに現実の系に近いと考えてよいだろう．このような考えに基づいてEinsteinモデルを改良したモデルがDebyeにより提案された．これは**Debyeモデル**（Debye model）とよばれる．このモデルでは，N個の原子からなる結晶中に$3N$個の振動数の異なる振動モードが存在すると仮定している．いいかえると，$3N$個のフォノンのモードの存在を仮定していることになる．また，これら$3N$個のモードにはある最大角振動数ω_mを超えるものは存在しないという仮定をおく．ここでは詳しい計算は省略するが，Debyeモデルによると，熱容量Cは

$$C = 9Nk_\mathrm{B}\left(\frac{T}{\Theta_\mathrm{D}}\right)^3 \int_0^{\Theta_\mathrm{D}/T} \frac{x^4 \mathrm{e}^x}{(\mathrm{e}^x-1)^2}\,\mathrm{d}x \tag{4.33}$$

であたえられる．ここに，Θ_Dは**Debye温度**（Debye temperature）とよばれ，

$$\Theta_\mathrm{D} = \frac{\hbar\omega_\mathrm{m}}{k_\mathrm{B}} \tag{4.34}$$

で定義される．このΘ_Dは物質に固有なパラメータであり，固体の原子数密度の三乗根と音速に比例する．いろいろな物質のΘ_Dの値は数十〜数千Kの範囲にわたる．(4.33)式からは，Debye温度よりも充分低い温度領域ではCはT^3に比例することが導かれ，経験的なT^3法則と一致する．また，Debye温度よりも充分高い温度領域では，古典的なDulong-Petitの法則が導かれる．Debyeモデルの理論値を図4-1に点線で示す．Einsteinモデルよりもよく実験値と一致しており，理論が改良されていることがわかる．

4.5 熱伝導

1つの固体内に温度勾配がある場合，それに沿って熱の移動，すなわち熱伝導（conduction of heat）が起こる．簡単のため，まずx軸方向のみの熱伝導を考えよう．単位時間にx軸に

垂直な単位断面積を通過する熱量（熱流束）Q は温度勾配 dT/dx に比例する．すなわち，

$$Q = \kappa \frac{dT}{dx} \tag{4.35}$$

とかける．ここに比例定数 κ は**熱伝導率**（heat conductivity, thermal conductivity）である．ところで，先に述べたフォノンの議論をふまえると，温度の高低はフォノンの密度の高低に対応すると考えてよい．そして熱伝導はフォノン密度の高い部分から低い部分へとフォノンが移動する現象であると考えることができる．あるいはフォノンによって熱が輸送されると考えてもよい．また，固体内の温度勾配はフォノンの密度勾配である．フォノンを気体分子と同じようにランダムに運動する粒子とみなすと，固体内のフォノンは他のフォノンとたえず衝突しているだろう．そして衝突頻度はフォノン密度が高いほど大きくなる．熱伝導の過程では，フォノンが他のフォノンや固体の界面と衝突しながら移動することになる．衝突と衝突の間にフォノンが平均の速さ $\langle v_x \rangle$ の等速直線運動で x 方向に進む距離，すなわち**平均自由行程**（mean free path）を Λ_x とすると，2 つの衝突地点間の温度差 ΔT は

$$\Delta T = (dT/dx)\,\Lambda_x = (dT/dx)\,\langle v_x \rangle \tau \tag{4.36}$$

となる．ここに τ は**平均自由時間**（mean free time），すなわち平均自由行程を進むための所要時間である．フォノンの数密度を n，フォノン 1 個の熱容量を c とすれば，熱流束 Q は

$$Q = n\,\langle v_x \rangle\, c\, \Delta T = n\, c\, (dT/dx)\, \langle v_x \rangle^2\, \tau \tag{4.37}$$

であたえられる．

次に，三次元系で x 軸方向にのみ温度勾配が存在する場合を考えると，熱流束 Q は

$$Q = \frac{1}{3} n c \frac{dT}{dx} v^2 \tau \tag{4.38}$$

とかける．ここで $v^2 = v_x^2 + v_y^2 + v_z^2$，および $\langle v \rangle^2 \approx \langle v^2 \rangle$ を用いた．固体の熱容量を C とすると，$C = nc$ である．また，三次元の平均自由行程は $\Lambda = v\tau$ である．これらより，(4.38) は

$$Q = \frac{1}{3} C \frac{dT}{dx} v \Lambda \tag{4.39}$$

となる．また，上式と (4.35) より

$$\kappa = \frac{1}{3} C v \Lambda \tag{4.40}$$

が得られる．v は固体中の音速とみなすことができる．この式は κ が C と Λ に正比例することを示している．

(4.40) 式を用いて κ, C, v の実測値から固体中でのフォノンの平均自由行程 Λ を見積ることができる．多くの固体の Λ は室温で数十 nm 程度と見積られている．低温ではフォノンの密度は小さいので衝突頻度が低く，したがって Λ は大きくなる．一般に Λ は $\langle n \rangle$ に反比例する．(4.11) 式の $\langle n \rangle$ から考えると，充分高温においては $\exp(\Theta_E/T) \approx 1 + \Theta_E/T$ であるので Λ は

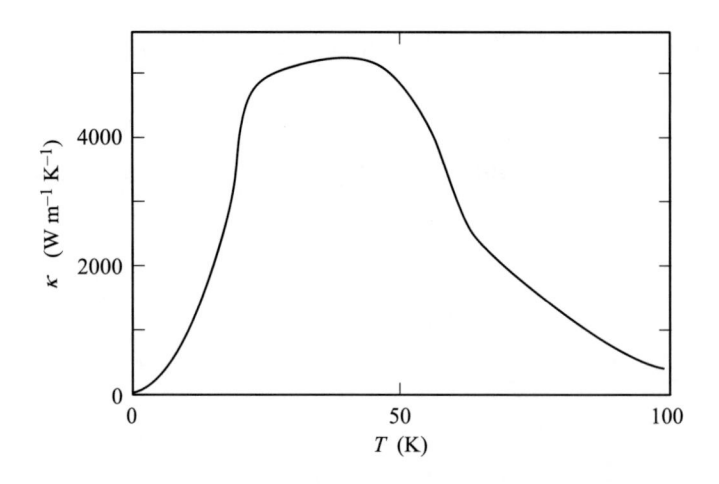

図4-10 Al$_2$O$_3$の熱伝導率の温度依存性. 40 K 付近に極大がみられる.

$1/T$に比例することになる. また, 充分低温ではΛは$\exp[\hbar\omega/(k_BT)]$に比例することがわかる. しかしながら, 実際には低温でΛが充分大きくなると, 不純物, 格子欠陥, 固体表面などのフォノン同士の衝突以外の要因がΛを左右するようになり, Λは温度に依存しなくなる (不純物濃度などは温度に依存しない). 一方で熱容量Cは, 先にも述べたように低温では温度の低下とともに小さくなる. 以上のことを総合すると, 結局熱伝導率κはある温度で極大を示すことが(4.40)式から予想できる. このような極大がみられる例を図4-10に示す.

演習問題

4.1 格子定数aの一次元格子中を伝搬する縦波について, その全エネルギーを求めよ. ただし, この縦波によるn番目の原子の変位をu_n, 原子の質量をM, 格子振動のばね定数をKとする.

4.2 格子定数aの一次元格子において, 波数$q = \pi/a$の進行波は格子によりBragg反射されることを確かめよ.

4.3 (4.17)式から(4.22)式を導け.

4.4 (4.27)式から(4.28)式を導け. また, (4.28)式を解いて(4.29)式が得られることを示せ.

4.5 以下の手順に従って(4.30)と(4.31)式を導け.

(a) Taylor展開を用いて, 充分小さいΔxについての近似式$\sqrt{x} - \sqrt{x-\Delta x} \cong \dfrac{\Delta x}{2\sqrt{x}}$を導け.

(b) 長波長極限 ($qa \ll 1$) では$\cos qa \cong 1 - \dfrac{1}{2}q^2a^2$であることを示せ.

(c) (4.29)式と上の(a), (b)の近似式を用いて, (4.30)と(4.31)式を導け.

4.6 質量 M_1 と M_2 の2種類の原子を交互にばね定数 K のばねで連結した格子定数 a の一次元格子モデルにおいては，図4-8に示す分散関係が得られる．これらの格子振動に対応するフォノン1個のとり得るエネルギーの範囲を求めよ．音響分枝，光学分枝それぞれについて答えよ．ただし $M_1 > M_2$ とする．

4.7 下図のように，質量 M の原子が2種類のばね（ばね定数は K_1 と K_2）で交互に連結された一次元格子がある．格子定数は a であり，原子の変位 u_s, v_s などは図のように定義する．この格子を伝搬する縦格子振動について以下に答えよ．

(a) 連立運動方程式をたてよ．

(b) 分散関係（ω と q との関係式）を求めよ．

(c) $K_1 = K$, $K_2 = 3K$ であるとして，$q = 0$ のときの ω の値を求めよ．ただし，K は正の定数である．

(d) (c) と同様の条件で，$q = \pi/a$ のときの ω の値を求めよ．

(e) (c) と同様の条件のときの分散関係のグラフの概形を描け（ω を q に対してプロットせよ）．

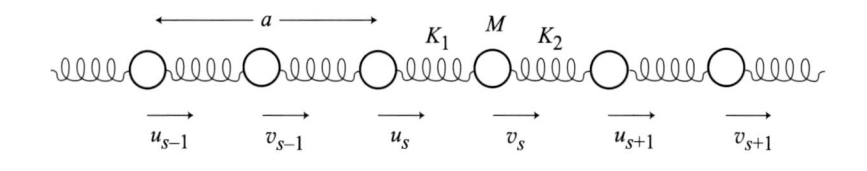

5
自由電子気体

金属固体中においては価電子が自由に移動できるため高い導電性が発現する．このような価電子は自由電子（free electron）とよばれる．自由電子には電子同士の反発以外には大きなポテンシャルは存在しないと考えられ，あたかも気体分子のようにふるまうことが予想される．このような自由電子からなる仮想的な気体は**自由電子気体**（free electron gas），または **Fermi 気体**（Fermi gas）とよばれる．自由電子は Fermi 粒子であるため，通常の古典的な気体分子とはかなり異なるエネルギー分布をもつ．この章では，量子論を基礎として自由電子気体の挙動をしらべ，その結果をもとに自由電子気体の熱容量や金属の電気伝導を議論する．

5.1 三次元金属中の自由電子

金属結晶については，イオン殻（原子から価電子を取り除いて得られるイオン）が結晶格子上に周期性をもって配列していて，そのまわりを価電子が自由に運動できるというモデルが考えられている．しかしながらイオン殻は正の電荷をもっているので，負の電荷をもった電子がそのまわりをクーロン力の影響を受けずに自由に移動できるというのはかなり理解しにくいように思われる．これを理解するための道のりは少々長い．ここではまず最初に，電子のもつ波動性を考慮することから始めよう．第1章で述べたように，量子力学によれば電子は粒子としての性質のみならず，波としての性質（de Broglie 波）をも有する．このような粒子と波動の二重性をもつ電子のふるまいは，波動関数 ψ によって記述される．

もっとも簡単な自由電子のモデルは，第1章1.3節で扱ったような一次元の井戸型ポテンシャル中の電子である（図1-2参照）．このモデルでは電子は $0 < x < L$ の範囲でのみ自由に存在でき，井戸の外へは出られない．自由電子といえども自力で金属固体の外へは脱出できないので，井戸を金属の内部と考えればよい．このとき，L は一次元金属試料の大きさ（長さ）となる．このモデルではもちろん金属内の電子はまったく自由であり，イオン殻による周期的ポテンシャルは無視されている．このようなモデルは **Sommerfeld のモデル**（Sommerfeld model）とよばれている．自由電子の波動関数を求めるには，この井戸型ポテンシャルにつ

いての境界条件のもとでSchrödinger方程式を解けばよい．第1章の議論により，場所のみの関数としての波動関数は，

$$\phi(x) = \left(\frac{2}{L}\right)^{1/2} \sin\left(\frac{n\pi x}{L}\right) \tag{5.1}$$

と求まる．ここに，$n = 1, 2, 3, ...$ である．また，このときの電子のとりうるエネルギーは

$$\varepsilon = \frac{n^2\pi^2\hbar^2}{2mL^2} \tag{5.2}$$

となる．この一次元金属中にN個の価電子があるとすると（例えばNa原子N個からなる一次元金属を考えればよい），第1章で述べたPauliの排他原理に従って，これらN個の価電子は各々すべて異なる状態をとらなければならない．

次に，上の議論を三次元の金属に拡張しよう．三次元の自由電子についてのSchrödinger方程式は，(1.27)式で$V(\mathbf{r}) = 0$としたもの，すなわち

$$-\frac{\hbar^2}{2m}\left(\frac{\partial^2}{\partial x^2} + \frac{\partial^2}{\partial y^2} + \frac{\partial^2}{\partial z^2}\right)\phi_\mathbf{k}(\mathbf{r}) = \varepsilon_k \phi_\mathbf{k}(\mathbf{r}) \tag{5.3}$$

となる．ここに，$\phi_\mathbf{k}(\mathbf{r})$は波数ベクトル$\mathbf{k}$の電子の波動関数，また$\varepsilon_k$はそのエネルギー（エネルギー固有値）であり，これらは$\mathbf{k}$に依存する．つまり，$\mathbf{k}$により電子の状態が決まり，電子はその状態に固有のエネルギーε_kをとることになる．ここで考えるべきモデルは一辺の長さがLの立方体の金属内の自由電子であり，この立方体内部では電子の感じるポテンシャルは一様に0である．すなわち，イオン殻による周期的ポテンシャルは無視する．さらに，境界（金属の表面）が固定端であるので，境界での波動関数の値はいつも同じでなければならない．この条件は周期的境界条件，

$$\phi_\mathbf{k}(x+L, y, z) = \phi_\mathbf{k}(x, y+L, z) = \phi_\mathbf{k}(x, y, z+L) = \phi_\mathbf{k}(x, y, z) \tag{5.4}$$

に置き換えることができる．第1章で述べたように，自由粒子の波動関数は平面波のそれであらわされる．(5.4)の境界条件のもとに(5.3)を解き，一次元金属モデルの解(5.1)を求めたのと同様に規格化を行うと，結局波動関数は

$$\phi_\mathbf{k}(\mathbf{r}) = \left(\frac{1}{L}\right)^{3/2} \exp(i\mathbf{k}\cdot\mathbf{r}) \tag{5.5}$$

となることがわかる．ここでベクトル$\mathbf{k}$の成分をk_x, k_y, k_zとすると，

$$k_x = \left(\frac{2\pi}{L}\right)n_x, \quad k_y = \left(\frac{2\pi}{L}\right)n_y, \quad k_z = \left(\frac{2\pi}{L}\right)n_z \tag{5.6}$$

である．ただしn_x, n_y, $n_z = 0, \pm 1, \pm 2, ...$である．このように，電子のとりうる状態はとびとび

の離散的な **k** であらわされ，それに応じてとりうるエネルギー ε_k も離散的となる．すなわち，

$$\varepsilon_k = \frac{\hbar^2}{2m} k^2 = \frac{\hbar^2}{2m}(k_x^2 + k_y^2 + k_z^2) = \frac{2\hbar^2 \pi^2}{mL^2}(n_x^2 + n_y^2 + n_z^2) \tag{5.7}$$

である．

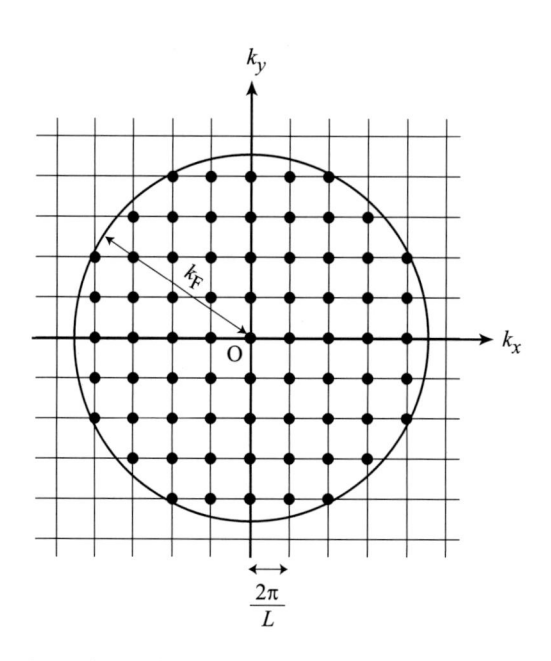

　さて，一辺が L の立方体金属中に N 個の自由電子があるとしよう．電子の状態は3つの整数の組 n_x, n_y, n_z で決まる波数ベクトル **k** をもつことになるが，電子のとりうる状態は図 5-1 に示されるような波数空間内の格子点であらわされる．(5.7)式からわかるように，図中の各格子点に対応するエネルギーは原点からの距離の二乗に比例する．ところで，第1章で述べたように電子は Fermi 粒子であるので，この立方体金属中の電子はすべて異なる量子的状態をとらねばならない．いまこの系のエネルギーが最低の値をとるとき（絶対零度のとき），すなわち基底状態にあるときを考えると，N 個の電子はエネルギーの低い状態を優先的に占有していくことになろう．こうしてエネルギーの低い状態から順に，すなわち，図 5-1 の原点に近い格子点から順に電子を割り当てていって，最終的に波数空間内の半径 k_F の球の内部に N 個の電子すべてが収まったとする．ここで，1つの格子点が占める波数空間での体積が $(2\pi/L)^3$ であること，および格子点1個につきスピン量子数の異なる2個の電子が収容できることを考えると，

図 5-1　三次元系の自由電子が占める波数空間．k_x, k_y の2軸のみ示してある．格子間隔は $2\pi/L$ である．格子上の1つの点をスピンの異なる2個の電子が占有できる．$T = 0$ では半径 k_F の Fermi 球の内部の格子点のみが占有される．

$$N = 2\frac{4\pi k_F^3/3}{(2\pi/L)^3} = \frac{L^3}{3\pi^2}k_F^3 \tag{5.8}$$

が得られる．上のような半径 k_F の球を **Fermi 球**（Fermi sphere）とよぶ．Fermi 球の表面は **Fermi 面**（Fermi surface）とよばれる．また，Fermi 面上にある電子のエネルギー

$$\varepsilon_F = \frac{\hbar^2}{2m}k_F^2 \tag{5.9}$$

を **Fermi エネルギー**（Fermi energy）または **Fermi 準位**（Fermi level）という．さらに真空準位（井戸型ポテンシャルの外の準位）と Fermi エネルギーとの差を**仕事関数**（work function）という．仕事関数は $T=0$ において自由電子を金属の外に取り出すのに必要な最小のエネルギーである．仕事関数の異なる2つの金属を接触させると，仕事関数の大きい金属へと電子の移動が起こり，その界面で電気二重層が形成されることが知られている．

Fermi 球の半径 k_F は **Fermi 半径**（Fermi radius）とよばれ，$V=L^3$ とすると，(5.8) より

$$k_F = \left(\frac{3\pi^2 N}{V}\right)^{1/3} \tag{5.10}$$

となる．気体の分子運動論になぞらえて，Fermi 準位にある電子のエネルギーがすべて力学的な運動エネルギーであるとしたとき，その運動速度（の大きさ）v_F を **Fermi 速度**（Fermi velocity）という．すなわち，

$$\varepsilon_F = \frac{1}{2}mv_F^2 \tag{5.11}$$

である．ここに m は電子の静止質量である．また，

$$\varepsilon_F = k_B T_F \tag{5.12}$$

で定義される T_F は **Fermi 温度**（Fermi temperature）とよばれる．(5.9), (5.10) によれば，Fermi エネルギー ε_F は金属中の自由電子の密度（すなわち価電子の密度）N/V のみによって決まることになる．N/V は金属の密度などからわかるので，実際の金属について k_F, v_F, ε_F, T_F などの値を計算することができる．室温での N/V の値を用いてこれらを計算すると表 5-1 のようになる．Fermi 温度は室温の数百倍と非常に高いことがわかる．ただし，T_F は金属そのものの温度ではなく，あくまでも自由電子のみからなる仮想的系の温度であることに留意されたい（T_F を温度として直接測定することはできない）．また，v_F は 10^3 km s^{-1} 程度であり，したがって仮に自由電子を古典的な気体分子に見立てると，Fermi レベルにある自由電子は金属中を猛烈な速さで運動していることになってしまう．

ところで自由電子気体においては，一般にある1つのエネルギーの値に対応する状態は複数存在する．このような系は**縮退している**（degenerate）といい，その状態数を**縮退度**（degeneracy）という．あるエネルギーの値に対応する電子の状態数，すなわち縮退度は，そ

表 5-1 金属の自由電子モデルによるパラメータ（計算値）

金属	k_F (10^{10} m^{-1})	v_F (10^6 m s^{-1})	ε_F (eV) [1]	T_F (10^4 K)
Li	1.11	1.29	4.72	5.48
Na	0.92	1.07	3.23	3.75
K	0.75	0.86	2.12	2.46
Cu	1.36	1.57	7.00	8.12
Be	1.93	2.23	14.14	16.41
Mg	1.37	1.58	7.13	8.27
Zn	1.57	1.82	9.39	10.90
Al	1.75	2.02	11.63	13.49
Ga	1.65	1.91	10.35	12.01
In	1.50	1.74	8.60	9.98
Pb	1.57	1.82	9.37	10.87

[1] eV（電子ボルト）はエネルギーの単位で，1 eV は電子が真空中で 1 V の電位差で加速されたときに得るエネルギーである．1 eV = 1.602×10^{-19} J である．

のエネルギーの値とともに増大する．このことは，図 5-1 の波数空間内での原点を中心とした球面上にある格子点の数は，その球の表面積に比例し，したがってその球面に対応するエネルギー（半径の二乗に比例）とともに増大すると考えれば定性的に理解できる．数 mm^3 程度の巨視的な大きさの金属結晶では N は 10^{22} 程度であり，Fermi 球内には $N/2$ 個の格子点があることになる．このように N が充分大きいと，図 5-1 の格子の間隔 $2\pi/L$ は k_F に比べて充分小さいことが (5.10) 式からわかる．この場合，k_F 程度のスケールでみると格子点は波数空間内をほぼ連続的に分布しているとみなせる．このような連続分布を仮定して，ε から $\varepsilon + d\varepsilon$ の間の微小なエネルギーの範囲にある自由電子の状態数を $D(\varepsilon)d\varepsilon$ とかくことにする．すなわち，三次元自由電子気体の**状態密度**（state density）$D(\varepsilon)$ を

$$D(\varepsilon) = \frac{dn(\varepsilon)}{d\varepsilon} \tag{5.13}$$

のように定義する．ここに，$n(\varepsilon)$ は ε 以下のエネルギーの自由電子の状態の総数である．$n(\varepsilon)$ は，(5.8) を導いたのと同様の議論により

$$n(\varepsilon) = \frac{V}{3\pi^2}\left(\frac{2m\varepsilon}{\hbar^2}\right)^{3/2} \tag{5.14}$$

とあらわされる．したがって状態密度は，

$$D(\varepsilon) = \frac{V}{2\pi^2}\left(\frac{2m}{\hbar^2}\right)^{3/2}\varepsilon^{1/2} \tag{5.15}$$

となる．$D(\varepsilon)$ を ε に対してプロットすると，図 5-2 の実線のようになる．

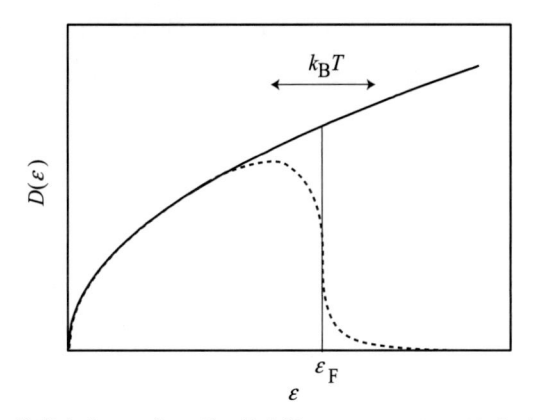

図 5-2 自由電子気体の状態密度のエネルギー依存性. $T = 0$ では ε_F 以下の部分がすべて占有される. 温度が増大すると ε_F 付近の $k_B T$ ぐらいの範囲のエネルギーをもつ電子のみが熱励起され, 実際の電子の占有領域は点線であらわされる.

5.2 Fermi-Dirac 分布関数

前節で述べたように, 自由電子気体の系が基底状態 ($T = 0$) にあるときは, エネルギーが ε である状態が電子によって占有されている確率（割合）$f(\varepsilon)$ は

$$\begin{cases} f(\varepsilon) = 1 & (\varepsilon \leq \varepsilon_F) \\ f(\varepsilon) = 0 & (\varepsilon > \varepsilon_F) \end{cases} \tag{5.16}$$

である. 温度が上昇すると, 熱励起により ε_F よりも高いエネルギー状態をとる電子があらわれ, 同時に ε_F よりも低いエネルギー状態に空席が生じる. 一般に, 温度 T における自由電子の $f(\varepsilon)$ は, 第 1 章で述べた Fermi-Dirac 分布関数になる. すなわち,

$$f(\varepsilon) = \frac{1}{\exp[(\varepsilon - \mu)/(k_B T)] + 1} \tag{5.17}$$

である. ここに μ は三次元自由電子の**化学ポテンシャル**（chemical potential）である（ここでの μ は, 電子 1 個当たりの自由エネルギーとしている). ただし, (5.17) 中の μ はあくまでも自由電子のみを含む仮想的な系の化学ポテンシャルであり, イオン殻を含めた金属物質全体の（古典熱力学的な）化学ポテンシャルとは異なることに注意しなければならない. さて, 詳しい計算によると, 三次元電子気体についての μ の温度依存性は,

$$\mu(T) = \varepsilon_F \left[1 - \frac{\pi^2}{12} \left(\frac{k_B T}{\varepsilon_F} \right)^2 \right] = \varepsilon_F \left[1 - \frac{\pi^2}{12} \left(\frac{T}{T_F} \right)^2 \right] \tag{5.18}$$

のようにあらわされる. $T = 0$ においては $\mu = \varepsilon_F$ となる（半導体物理の分野では μ のことを Fermi エネルギーとよぶことがあるので注意されたい). いろいろな温度における Fermi-Dirac 分布関数を図 5-3 に示す. 各温度で $\varepsilon = \mu$ のとき, $f(\varepsilon) = 1/2$ となる. T_F は室温に比べて

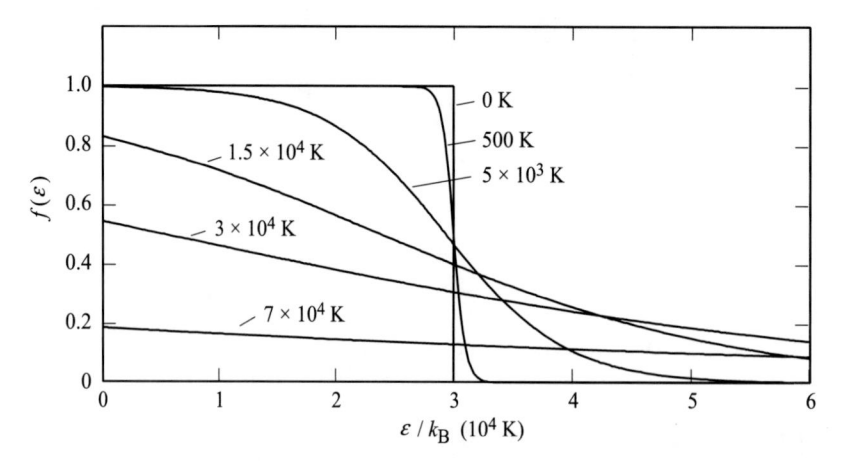

図 5-3 いろいろな温度における Fermi-Dirac 分布関数. $T_F = 3 \times 10^4$ K の場合の計算結果を示す.

非常に高いので，(5.18) 式より室温付近では $\mu(T) \approx \varepsilon_F$ となり，自由電子のエネルギー分布は基底状態（$T = 0$）とほとんど変わらないことになる．また (5.18) 式より，Fermi 温度の約 1.1 倍よりも高い温度では μ が負になることがわかる．

5.3 自由電子気体の熱容量

結晶固体の熱容量については第 4 章で詳しく扱ったが，これは原子の格子振動に由来するものであった．金属の場合は，前節でみたように自由電子も熱により励起されるので，これによる熱容量も考えるべきであろう．N 個の自由電子からなる気体を古典的な単原子気体とみなせば，その熱容量は $(3/2)Nk_B$ となるはずである．ところが，実験値はこれよりもはるかに小さい．室温程度の低温においては，大部分の電子は Fermi 準位以下の状態にある．この状態から加熱したとき新たに熱励起される電子は，そのうちの Fermi 準位近傍にあるごく一部の電子のみである．電子気体の熱容量が小さいのはこのためと考えられている．詳しい計算は省略するが，N 個の自由電子からなる系の熱容量 C_e は室温程度以下の低温では，

$$C_e = \frac{1}{3}\pi^2 D(\varepsilon_F) k_B^2 T = \frac{1}{2}\pi^2 N k_B \frac{T}{T_F} \tag{5.19}$$

となる．ここに $D(\varepsilon_F)$ は ε_F における状態密度である．このように C_e は絶対温度に正比例することがわかる．第 4 章で述べた格子振動による熱容量の寄与は，非常に低い温度ではほぼ T^3 に比例するので，これと (5.19) の C_e とを総合すると，金属の熱容量 C は

$$C = \gamma T + aT^3 \tag{5.20}$$

のようになる．ここに，γ と a は物質に依存する定数である．C が金属のモル熱容量であるとしたときの γ を **Sommerfeld のパラメータ**（Sommerfeld parameter）という．(5.20) 式より，電子による熱容量の寄与（第 1 項）は低温においてより顕著になることがわかる．

5.4 電気伝導

　金属の電気伝導をになうのは自由電子である．一様な電場 **E** を加えられた自由電子は，クーロン力により加速される．このときの電子の運動方程式は，電子の運動量が $\hbar \mathbf{k}$ であることを用いると

$$m\frac{d\mathbf{v}}{dt} = \hbar \frac{d\mathbf{k}}{dt} = -e\mathbf{E} \tag{5.21}$$

のようにかける．ここに e は電子の電荷(電気素量)である．上式の負号は，電子の受けるクーロン力の向きが **E** の逆方向であることからきている．(5.21) によると，v の絶対値は時間とともに増大することになるが，実際の金属結晶中では，電子は移動に際してフォノン，格子欠陥，不純物，界面などに衝突して散乱され，見かけ上平均的なある一定の速度で定常的に運動するようになる（図5-4参照）．このような衝突をともなう定常的な電子の運動を**ドリフト移動** (drift) という．以下では，一様な電場 E が x 軸方向にのみ印加されているとして，スカラー量で議論しよう．フォノンなどとの最近の衝突後の時間を τ とすると，**ドリフト速度**（drift velocity）$\langle v \rangle$ は

$$\langle v \rangle = -\frac{eE\tau}{m} = -\mu_d E \tag{5.22}$$

となる．ここに $\mu_d\ (= e\tau/m)$ は**ドリフト易動度**（drift mobility）とよばれ，半導体などの電気物性を評価する重要なパラメータの1つである．定常状態での電流密度の大きさ j は，

$$j = -ne\langle v \rangle = ne^2 \frac{E\tau}{m} \tag{5.23}$$

となる．ここに n は金属中の自由電子の密度である．(5.23)式とオームの法則 $j = \sigma E$ とを比較すると，**電気伝導度**（electric conductivity）σ は

$$\sigma = \frac{ne^2\tau}{m} = ne\mu_d \tag{5.24}$$

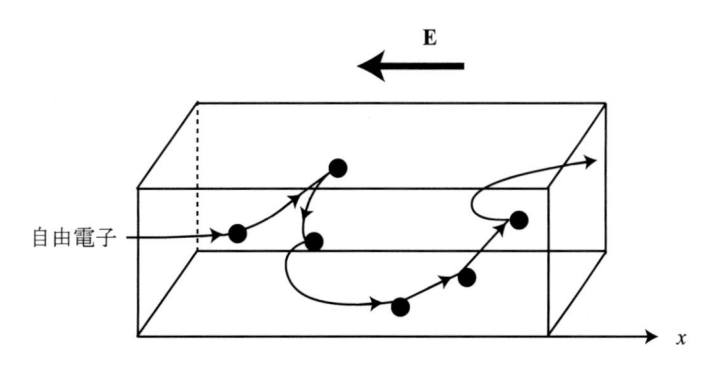

図5-4　一様な電場 **E** が $-x$ 軸方向に加えられたときの自由電子のドリフト移動の様子．黒丸はフォノン，格子欠陥，不純物などをあらわす．

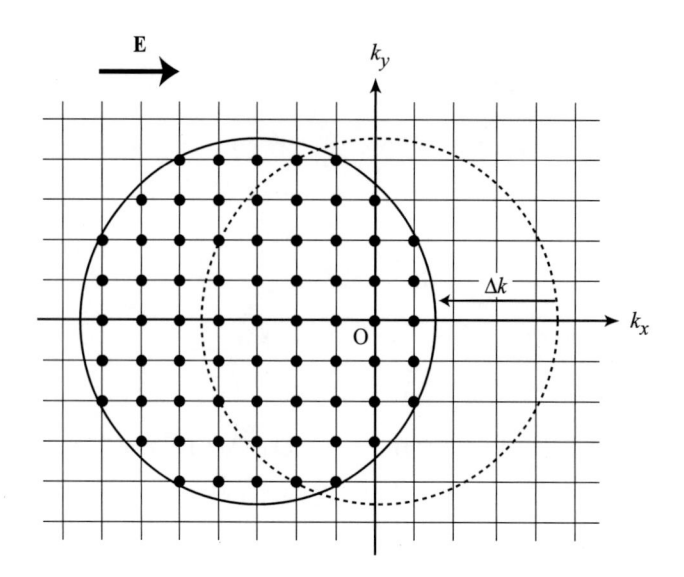

図 5-5 一様な電場 **E** が x 軸方向に加えられたときの自由電子気体の状態を波数空間であらわしたもの．電子の電荷は負であるので，クーロン力の方向は $-x$ 方向（$-k_x$ 方向）である．外部電場が加えられると Fermi 球が Δk だけ k_x 軸上をシフトする．黒丸は電子が占有している格子点をあらわす．

とあらわされる．このような定常電流が流れているときの自由電子の状態を波数空間であらわすと，図 5-5 のようになる．すなわち，外部電場 E のもとでは自由電子の運動量は，

$$\hbar \Delta k = m \langle v \rangle = -eE\tau \tag{5.25}$$

だけ変化するので，Fermi 球は k_x 軸方向に

$$\Delta k = -\frac{eE\tau}{\hbar} \tag{5.26}$$

だけ移動することになる．

さて，前にも述べたとおり，室温付近では自由電子気体のエネルギー分布は絶対零度の基底状態（完全縮退）にほぼ近いので，電場により励起される電子は Fermi 準位付近にあるものが大部分であると考えられる．このことから，電子の平均自由行程，すなわちフォノンなどとの衝突の間に自由に移動できる距離 Λ_e は，大雑把にいって

$$\Lambda_e = v_F \tau \tag{5.27}$$

となると考えてよい．(5.27) 式を用いて，電気伝導度の実験値から Λ_e を見積ることができる．例えば，Cu の Λ_e は 300 K では約 30 nm，4 K では約 0.3 cm である．これらの値は結晶の原子間距離よりもはるかに大きい．このことは，金属中での価電子の運動はイオン殻ポテンシャルの影響をほとんど受けないことを示唆しており，この章のはじめに立てた自由電子モデル（Sommerfeld のモデル）がかなり妥当なものであることがわかる．

上に述べた議論から，金属の電気伝導度は結晶中のフォノン，格子欠陥，不純物，界面な

どに大きく影響されることになる．フォノンの寄与は温度の上昇とともに増大するので，電気伝導度は温度上昇とともに減少するだろう．一方，格子欠陥や不純物の寄与は温度に依存しない．したがって，低温においては後者の寄与が顕著になってくる．極低温における残留抵抗はおもに後者に由来すると考えられている．

演習問題

5.1 基底状態（$T = 0$）における自由電子の平均のエネルギーは，Fermi エネルギーの 3/5 倍であることを示せ．

5.2 銅の Fermi 温度は 8.1×10^4 K，その伝導電子の密度は 8.5×10^{28} m^{-3} である．電子の質量 m を 9.11×10^{-31} kg，電子の電荷（電気素量）e を 1.6×10^{-19} C, Boltzmann 定数 k_B を 1.38×10^{-23} J K^{-1} として以下に答えよ．

(a) Fermi エネルギーはいくらか？　また，Fermi 速度はいくらか？

(b) 断面積 0.10 mm^2 の銅線に 1.0 A の電流が流れている．このときの伝導電子のドリフト速度を求めよ．

(c) (a) と (b) の電子の速さの違いについて考察せよ．

5.3 長さ L の一次元の金属についての状態密度 $D(\varepsilon)$ を求めよ．

5.4 (5.14) および (5.15) 式より，状態密度 $D(\varepsilon)$ について

$$D(\varepsilon) = \frac{3\,n(\varepsilon)}{2\varepsilon}$$

が成り立つことを示せ．

5.5 質量数が奇数である ^{3}He 原子核は Fermi 粒子である．^{3}He の 0 K での密度を 0.081 g cm^{-3} として，^{3}He 原子核の Fermi 半径，Fermi エネルギー，および Fermi 温度を求めよ．ただし，^{3}He 原子核の質量は 5.01×10^{-24} g, Planck 定数 $\hbar$ は 1.054×10^{-34} J s とする．

5.6 ある金属の価電子の Fermi 半径は 1.50×10^{10} m^{-1} である．価電子を自由電子気体とみなして以下に答えよ．ただし，電子の質量 m は 9.11×10^{-31} kg，電気素量 e は 1.60×10^{-19} C とする．

(a) Fermi エネルギーはいくらか？

(b) Fermi 速度はいくらか？

(c) 価電子の数密度はいくらか？

(d) この金属の室温での電気伝導度は 2.00×10^7 S m^{-1} である．室温での価電子の平均自由行程は大体どれぐらいか？

5.7 ナトリウム（原子量 23.0 g mol^{-1}）の Fermi 半径は 0.920 × 10^{10} m^{-1} である．これより金属ナトリウムの質量密度を求めよ．ただし，Avogadro 数は 6.02 × 10^{23} mol^{-1} を用いよ．

6 バンド理論

前章ではイオン殻の影響を受けない自由電子の挙動について述べた．しかしながら，このような自由電子モデルは実際の結晶に対してはかなり乱暴な近似かもしれない．そこでこの章では，結晶内のイオン殻に由来する周期的なポテンシャルの影響を受けたときの価電子（valence electron）のふるまいを**バンド理論**（band theory）をもとに考察する．この場合，電子の波動関数はポテンシャルの周期を反映したBloch関数となり，**バンド構造**（band structure）があらわれることになる．これにより，金属，半金属，半導体，絶縁体がなぜ存在するかを説明することができる．最後の節では，半導体の電気伝導について解説する．

6.1 バンド構造

前章で議論したように，三次元系の自由電子モデルにおいて電子のとりうるエネルギーは

$$\varepsilon_k = \frac{\hbar^2}{2m}(k_x^2 + k_y^2 + k_z^2) \tag{6.1}$$

であらわされる．一辺が L の立方体金属結晶について周期的境界条件を適用すれば，時間に依存しない波動関数は

$$\phi_\mathbf{k}(\mathbf{r}) = \left(\frac{1}{L}\right)^{3/2} \exp(i\mathbf{k}\cdot\mathbf{r}) \tag{6.2}$$

となる．ここに，k_x, k_y, k_z = 0, ±2π/L, ±4π/L, ±6π/L, ... である．結晶内には格子上のイオン殻がつくる周期的ポテンシャルが存在するので，結晶内の電子波（de Broglie波）のうち特定の波数 k をもつものは，格子により Bragg 反射されることになる．ここでは簡単のため，図 6-1 に示すような格子定数が a で長さが L の一次元格子について考える．価電子は $0 < x < L$ の範囲にのみ存在するとする．また，電子は負の電荷を有するのでイオン殻（正の電荷）のところではポテンシャルは負の極大となる．このとき，Bragg 反射の起こる k は第 3 章の議論より，

$$k = \pm G/2 = \pm n\pi/a \qquad (n = 1, 2, 3, ...) \tag{6.3}$$

となる．ここに，G は逆格子ベクトルの大きさであり，$G = 2n\pi/a$ であらわされる．Bragg 反射が起こる最小の k は $n = 1$ のとき，すなわち $k = \pm \pi/a$ である．k 空間の $-\pi/a$ から $+\pi/a$ までの領域は第 3 章で定義した第一 Brillouin ゾーンである．n 次の Bragg 反射は (6.3) 式を満たす k で起こるが，一般に $(n-1)\pi/a < |k| < n\pi/a$ の領域を**第 n Brillouin ゾーン**（nth Brillouin zone）とよぶ．

さて，このような一次元の Bragg 反射では入射波と反射波の位相は同じであり，これらを合成すると定在波となる．すなわち，2 つの進行波（入射波と反射波）の一次結合により次の 2 つの規格化された定在波 $\phi(+)$ と $\phi(-)$ が生じる．

$$\begin{cases} \phi(+) = (2L)^{-1/2}[\exp(\pi i x/a) + \exp(-\pi i x/a)] = (2/L)^{1/2}\cos(\pi x/a) \\ \phi(-) = (2L)^{-1/2}[\exp(\pi i x/a) - \exp(-\pi i x/a)] = (2/L)^{1/2}i\sin(\pi x/a) \end{cases} \quad (6.4)$$

これらの定在波についての電子密度（電子の存在確率）ρ は次のように計算される．

$$\begin{cases} \rho(+) = \phi^*(+)\phi(+) = (2/L)\cos^2(\pi x/a) \\ \rho(-) = \phi^*(-)\phi(-) = (2/L)\sin^2(\pi x/a) \end{cases} \quad (6.5)$$

これを図示すると図 6-1 の上のグラフのようになる．$\rho(+)$ はポテンシャルエネルギーの最小のところ，すなわちイオン殻の位置に極大があるが，$\rho(-)$ はイオン殻間のちょうど中間に極大が存在する．このことから，$\rho(-)$ のほうが $\rho(+)$ よりも高いエネルギー状態にあることがうかがえる．ここで注意すべきは，$\phi(+)$ と $\phi(-)$ のちょうど中間のエネルギーをもつ進行波は存在しえないということである．このような進行波が仮に存在したとしても，ただちに格子による Bragg 反射が起こり，反対向きの進行波が生じてそれとの合成波が結局上記のいずれかの定在波となってしまう．

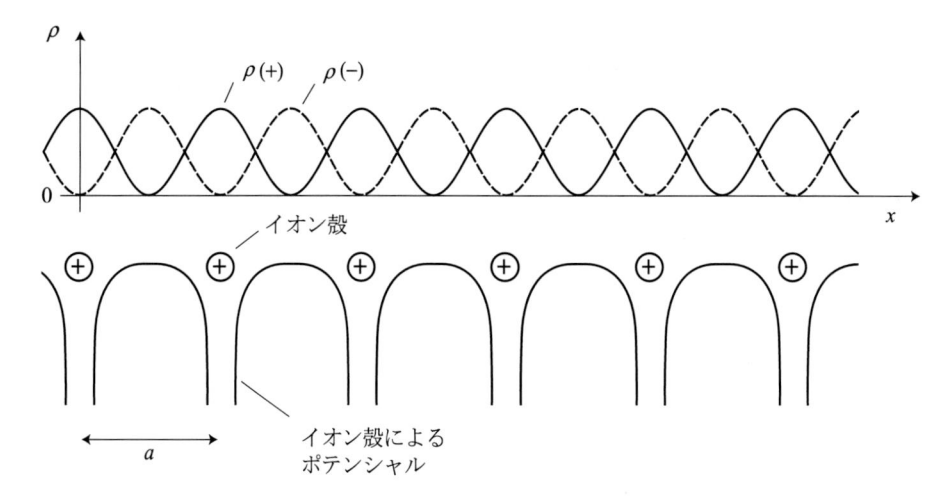

図 6-1　イオン殻による一次元格子ポテンシャルと，(6.4) 式の 2 つの定在波に対応する電子密度分布 ρ．

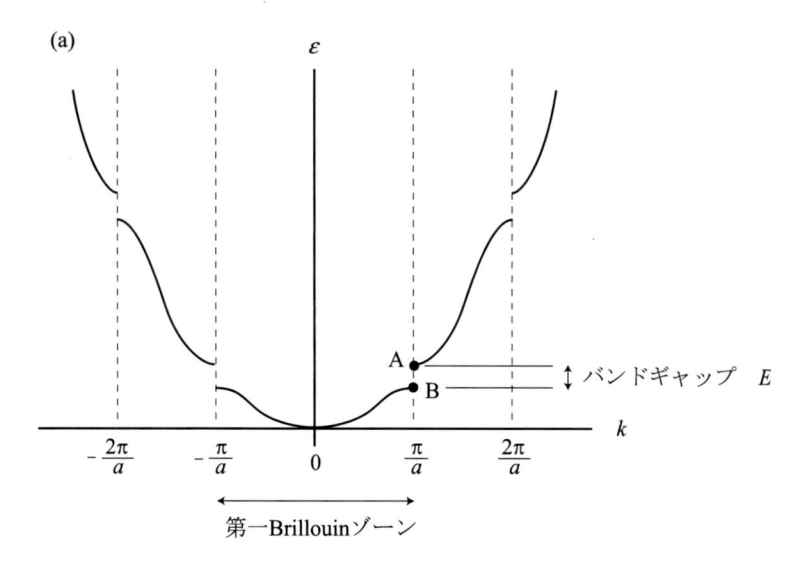

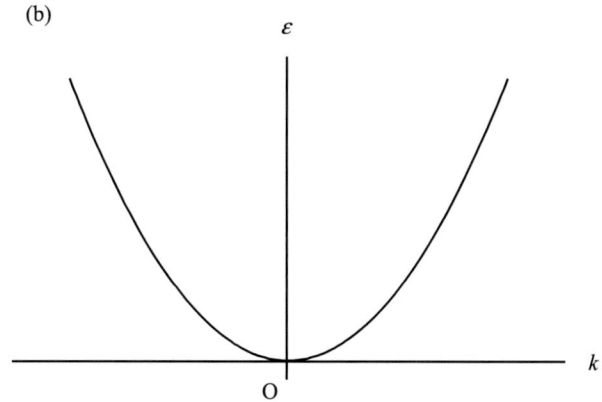

図 6-2 一次元格子ポテンシャル中での電子のエネルギー ε の波数 k 依存性の模式図 (a). 点 A と点 B はそれぞれ (6.5) 式の $\rho(-)$ と $\rho(+)$ に対応する. 比較のため自由電子の場合を (b) に示す. (6.1) 式より, 自由電子では $\varepsilon \propto k^2$ であることに注意せよ.

    (6.4) の 2 つの定在波は互いに異なるエネルギーをもつが, そのエネルギー差を**バンドギャップ**（band gap）といい, E_g であらわす. 上の議論からわかるように, バンドギャップは Brillouin ゾーンの境界 $k = \pm n\pi/a$ で生じる. いいかえると, バンドギャップは結晶内での電子波が格子により Bragg 反射されて生じるといえる. このような議論をもとに, 電子のエネルギーの波数依存性を図示すると, 図 6-2 (a) のようになると考えられる. このグラフを電子の**エネルギー分散関係**（energy dispersion relation）という. $k = \pm n\pi/a$ では $d\varepsilon/dk = 0$ となり, これは電子波が定在波であることを意味する（演習 **6.2**）. バンドギャップで区切られたそれぞれのとりうるエネルギー領域を**許容バンド**, または単に**バンド**（band）という. もっともエネルギーの低い許容バンドは, 第一 Brillouin ゾーンに対応する. また, バンドにはさまれた

部分は，電子のとりえないエネルギー領域であり，**禁制バンド**（forbidden band）とよばれる．電子が結晶格子から受けるポテンシャルが，例えば $U(x) = -U_0 \cos(2n\pi/a)$ であるとすると，バンドギャップは U_0 になることが確かめられる．

6.2 Bloch 関数

結晶格子の周期的ポテンシャルのもとでの電子の波動関数 $\phi_\mathbf{k}(\mathbf{r})$ は，その波数ベクトルが Bragg 条件を満たさない場合も含めて一般にどのような式であらわされるだろうか？ ポテンシャルと同じ周期をもつ因子が何らかの形で波動関数に含まれると考えるのが自然であろう．**Bloch**（ブロッホ）**の定理**（Bloch theorem）によれば，それは

$$\phi_\mathbf{k}(\mathbf{r}) = u_\mathbf{k}(\mathbf{r}) \exp(i \mathbf{k} \cdot \mathbf{r}) \tag{6.6}$$

であらわされる．ここに $u_\mathbf{k}(\mathbf{r})$ は結晶格子と同じ周期をもつ関数である．すなわち，結晶格子の周期（ベクトル）を $\mathbf{T}$ とすると，

$$u_\mathbf{k}(\mathbf{r}) = u_\mathbf{k}(\mathbf{r} + \mathbf{T}) \tag{6.7}$$

となる．(6.6) の形の波動関数を **Bloch関数**（Bloch function）という．以下に，周期 a のポテンシャルをともなう長さが L の一次元格子について Bloch の定理を証明する．ただし，ここでは波動関数 $\phi_k(x)$ が縮退していない場合に限定する．また，イオン殻と価電子の数はともに N とする．このとき，

$$\phi_k(x+a) = C\, \phi_k(x) \tag{6.8}$$

が成り立つ．すなわち，縮退のない波動関数を x 軸方向に $-a$ だけシフトしたものは，単にもとの波動関数から一定の位相だけずれたものになる．ここで周期的境界条件

$$\phi_k(x+L) = \phi_k(x+Na) = \phi_k(x) \tag{6.9}$$

を導入すると，

$$C^N = 1 = e^{2\pi i l}, \quad l = 0, 1, 2, ..., N-1 \tag{6.10}$$

となり，$k = 2\pi l / (Na)$ とすると

$$C = e^{ika} \tag{6.11}$$

である．したがって，(6.8) 式は

$$\phi_k(x+a) = \exp(i\,ka)\phi_k(x) \tag{6.12}$$

となる．ここで $\phi_k(x) = u_k(x) \exp(i\,kx)$ とおくと，$u_k(x) = u_k(x+a)$ のとき (6.12) 式が成立することになる．三次元系については，(6.6) 式が対応する波動関数であることが同様に証明できる（ここでは省略する）．図 6-3 に一次元の Bloch 関数の例を示す．破線は同じ波数の自由電子の波動関数をあらわす．周期的ポテンシャル中での電子波が格子に衝突して Bragg 反射を起こしている様子がみてとれる．

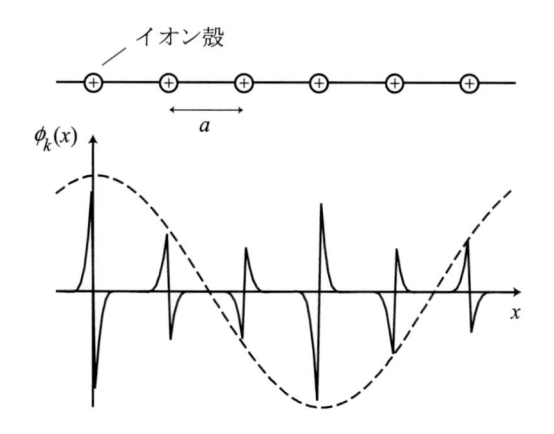

図 6-3 一次元格子中の Bloch 関数の例．破線は同じ波数の自由電子の波動関数（平面波）をあらわす．

ここで Bloch 関数の 1 つの重要な性質を指摘しておこう．それは，k に $G = 2n\pi/a$ だけ足したり引いたりしても Bloch 関数は同じになるということである．式でかくと，

$$\phi_k(x) = \phi_{k+G}(x) \tag{6.13}$$

となる．ここで G は一次元の逆格子ベクトルである．三次元の場合は

$$\phi_\mathbf{k}(\mathbf{r}) = \phi_{\mathbf{k}+\mathbf{G}}(\mathbf{r}) \tag{6.14}$$

となる．これは，以下のようにして証明される．まず，Bloch 関数を

$$\phi_\mathbf{k}(\mathbf{r}) = u_\mathbf{k}(\mathbf{r}) \exp(i\mathbf{k}\cdot\mathbf{r}) = \exp[i(\mathbf{k}+\mathbf{G})\cdot\mathbf{r}]\exp(-i\mathbf{G}\cdot\mathbf{r})u_\mathbf{k}(\mathbf{r}) \tag{6.15}$$

のようにかく．ここで，上式中の因子 $\exp(-i\mathbf{G}\cdot\mathbf{r})u_\mathbf{k}(\mathbf{r})$ は $u_\mathbf{k}(\mathbf{r})$ と同じ周期性をもつので，$u_{\mathbf{k}+\mathbf{G}}(\mathbf{r})$ とかいてよい．なぜなら，(3.17) 式より

$$\exp(-i\mathbf{G}\cdot\mathbf{r}) = \exp[-i\mathbf{G}\cdot(\mathbf{r}+\mathbf{T})]\exp(i\mathbf{G}\cdot\mathbf{T}) = \exp[-i\mathbf{G}\cdot(\mathbf{r}+\mathbf{T})] \tag{6.16}$$

となって $\exp(-i\mathbf{G}\cdot\mathbf{r})$ が周期 $\mathbf{T}$ をもつ関数だからである．これにより (6.14) 式が証明されたことになる．また，これに対応してエネルギーについても $\varepsilon_\mathbf{k} = \varepsilon_{\mathbf{k}+\mathbf{G}}$ であることになる．

さて，Bloch 関数の上のような性質から，ε の k に対するグラフ（図 6-2）は横軸を $2n\pi/a$ だけ任意に移動してもよいことがわかる．この性質を利用して，電子のバンド構造はしばしば図 6-4 のように第一 Brillouin ゾーン，すなわち $-\pi/a < k < \pi/a$ の k のみで表示される．これを**還元領域表示**（reduced zone scheme）という．

6.3 絶縁体と金属

それぞれのバンド中にはどれだけの電子が入りうるだろうか？ ここでも簡単のため格子定数 a，単位格子数 N（ただし，偶数とする），長さが L の一次元結晶を考える．第一 Brillouin ゾーン内での k の許される値は，$k = 0, \pm 2\pi/L, \pm 4\pi/L, \pm 6\pi/L, \cdots, \pm N\pi/L$ である．ここで，$k = -N\pi/L$ と $k = N\pi/L$ は同等な定在波をあらわすので，結局許される独立な k の値の数は N となる．そ

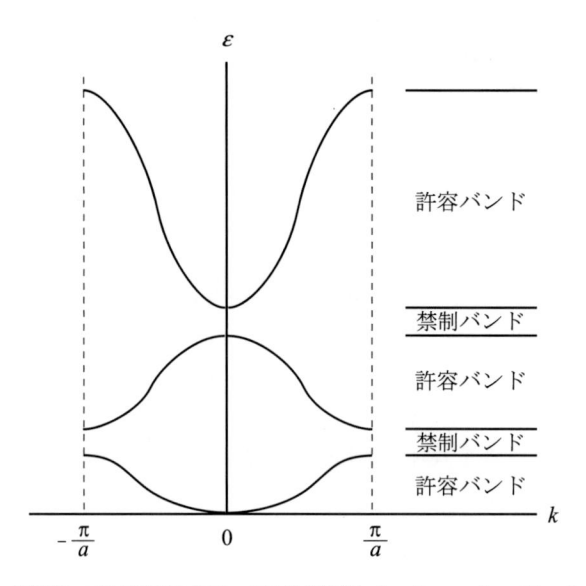

図 6-4 電子のバンド構造の還元領域表示．電子は禁制バンドのエネルギーをとることはできない．

れぞれの k についてスピン量子数の異なる 2 個の電子が存在しうるので，1 つのバンドには $2N$ 個の電子が入りうる．つまりバンド内の状態数は $2N$ である．同様のことは三次元結晶についても成り立つ．

　アルカリ金属のように単位格子中に 1 個の 1 価原子が存在する場合，各原子はそれぞれ 1 個の価電子を供出するので，価電子の総数は N となり，バンドの半分だけが電子によって満たされる．絶対零度においては，電子はできるだけ低いエネルギー状態を優先してとろうとするので，結局バンド内の下半分の状態が占有されることになる．もし，単位格子中の価電子が 2 個であるならバンド中の価電子数は $2N$ となり，バンドはすべて満たされることになる．さらに，単位格子中の価電子が 3 個の場合は 1 つのバンドはすべて満たされ，さらにその 1 つ上のバンドも半分だけ満たされることになる．

　一般に，電子が存在する最も高いエネルギーのバンドが完全に満たされている場合（図 6-5 (a)），その物質は絶縁体（insulator）となる．これは次のように説明される．外部電場によって電流が生じるためには，電子が余分の運動量を得て，より高いエネルギー状態へ移らなければならないが，バンド中のとりうる電子状態がすべて満たされていると，このような遷移はバンド内では起こりえない．すなわち，バンド内で上方に飛び移るための空席がないと，電子は励起されず電流は生じないのである．他方，アルカリ金属[1]などのように単位格子中の価電子が奇数個のときは，電子が存在するもっとも高いエネルギーのバンド内では半分の

---

1) アルカリ金属結晶は体心立方構造をとるが，基本単位格子を図 2-14 の基本並進ベクトルで定義される斜方六面体とすると，単位格子当たりの価電子数は 1 となる．

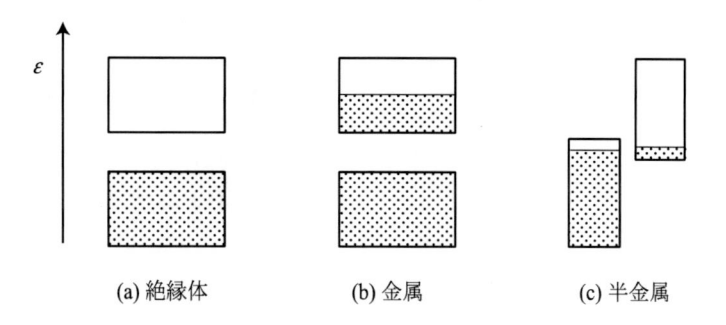

図 6-5 いろいろな物質の電子のバンド構造．影付きの部分は電子により占有されている状態をあらわす．(a) は最低のバンドがすべて電子で満たされており，かつその上のバンドは完全に空である．このような物質は通常導電性をもたない（絶縁体）．(b) は第二のバンドの半分が電子で満たされており，導電性を有する（金属）．(c) は第一と第二のバンドの一部に重なりがある場合で（アルカリ土類金属など），導電性をもち半金属となる．単位格子内の価電子数は (a) は偶数，(b) は奇数，(c) は偶数である．

みの状態が占有されていて，上方に飛び移るための空席がある．したがって，このバンド内の電子は外部電場により容易に励起されて電流が流れることになる（図 6-5 (b)）．以上のことから，少なくとも絶縁体では結晶の単位格子内に偶数個の価電子があるということがいえる．ダイヤモンド（炭素の結晶）は単位格子中に 8 個の価電子があり，絶縁体である．純粋な Si や Ge も 8 個の価電子をもつが，バンドギャップが絶縁体と比べてかなり小さい．このため，このような物質に充分強い電場を印加すると，電子がバンドギャップを飛び越えて上方の空のバンドまで遷移する可能性がでてくる．この結果，半導体程度の低い導電性をもつことになる．Si や Ge にある種の微量の不純物を添加するとさらに導電性は向上する．これについては 6.5 節で詳しく述べる．

単位格子内に奇数個の価電子があれば金属となるが，逆に偶数個の価電子をもつことは絶縁体（または半導体）であるための充分条件ではない．例えば，アルカリ土類金属のように，単位格子内の価電子数が偶数であるにもかかわらず導電性をもつものもある．これはバンドがエネルギー的に一部重なっているためである（図 6-5 (c)）．このような物質は**半金属**（metalloid）とよばれる．

6.4 外部電場のもとでの結晶内の電子の挙動

前節までに述べたように，結晶中では周期的ポテンシャルにより電子のバンド構造があらわれる．また，バンド中での電子の満たされ具合によって，その物質が絶縁体や金属になることもわかった．この節では，バンド構造中の価電子の外部電場に対する挙動をもう少しくわしくみてみよう．

量子論的には電子は粒子性と波動性の両方を兼ね備えているといえるが，これらの性質の

(a)　　　　　　　　　　　　　　(b)

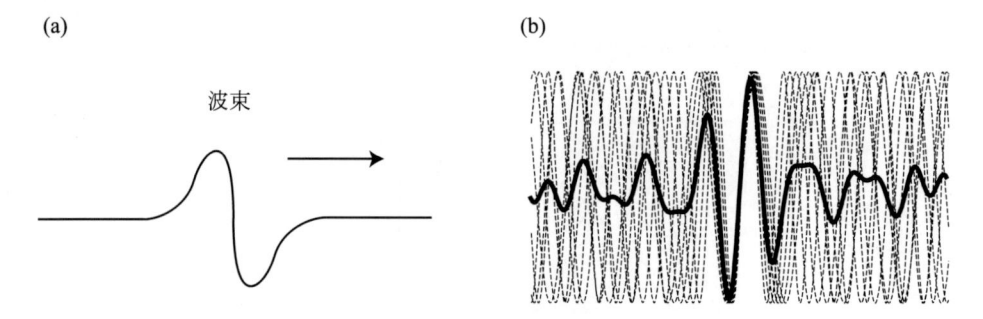

波束 →

図 6-6　(a) 運動する電子はひろがりをもった波束の移動とみることができる．(b) 波数 k が少しずつ異なる多数の正弦波（点線）と，それらを重ね合わせてできる波束（太実線）．

発現のしかたはその電子をどのように観測したかに依存する．例えば，粒子としての電子の位置や運動量をある程度決定する実験を行ったとすれば，その電子はある程度粒子的な挙動を示すことになる．この場合，電子はある程度のひろがりをもった存在としてあらわされるので，粒子のように運動している電子は，図 6-6 (a) のような移動する**波束**（wave packet）とみなすことができる．観測を行う前の自由電子は平面波としてあらわされるが，粒子としての観測（例えば，位置の測定）を行ったとたんにその波動関数は一般に波束に変化する．後で示すようにこのような波束の移動速度は，第4章で述べた群速度 v_g に等しい．したがって，粒子としての電子の移動速度は v_g となる．これに対して，波動そのものの波面が進む速度は位相速度 v_p である．(1.4) と (1.36) 式より $\omega = \hbar k^2/(2m)$ であるので，

$$v_p = \frac{\omega}{k} = \frac{\hbar k}{2m} \tag{6.17}$$

となる．一方，電子の運動量は $p = \hbar k$ であるので，電子の速度は $v_g = \hbar k/m$ となり上式の v_p と一致しない．このような不一致は，v_p が k に依存するために生じる．波束は，図 6-6 (b) のように k がわずかに異なる多数の平面波（正弦波）の重ね合わせから成ると考えることができる．これら多数の平面波が全て同じ位相速度をもつ場合は，波束は位相速度と同じ速さで移動し $v_p = v_g$ となるが，v_p が k に依存する場合は一般に v_p と v_g は異なる．4.2 節で述べたように v_p の k 依存性を**分散関係**（dispersion relation）という．

さて，波束の進む速度（電子の速度）が群速度 v_g に等しいことを以下に示そう．一次元の波動関数の波束は，波数の異なる多数の平面波の重ね合わせとして，

$$\psi(x,t) \propto \int_{-\infty}^{\infty} |A(k)| \exp[i(kx - \omega t + \delta)] dk \tag{6.18}$$

のようにあらわすことができる．ここに δ は初期位相である．いま，$k = k_m$ のときに係数 $|A(k)|$ が最大になるとして，k_m とそれに非常に近い k' の波の重ね合わせを考える．それぞれ

の波動関数は

$$\psi_1 = A(k_m) \exp[i(k_m x - \omega_m t + \delta_m)] \tag{6.19}$$

$$\psi_2 = A(k') \exp[i(k' x - \omega' t + \delta')] \tag{6.20}$$

のようにあらわされる．時刻 t において波束の中心が x にあるとすると，位相が互いに等しいことから

$$k_m x - \omega_m t + \delta_m = k' x - \omega' t + \delta' \tag{6.21}$$

とかける．中心が Δt 後に $x + \Delta x$ に移動したとすると，

$$k_m (x + \Delta x) - \omega_m (t + \Delta t) + \delta_m = k' (x + \Delta x) - \omega' (t + \Delta t) + \delta' \tag{6.22}$$

である．(6.22) 式から (6.21) 式を差し引くと，

$$k_m \Delta x - \omega_m \Delta t = k' \Delta x - \omega' \Delta t \tag{6.23}$$

となる．ここで波束の移動速度を $\Delta x/\Delta t = v_{wp}$ とおくと，

$$k_m v_{wp} - \omega_m = k' v_{wp} - \omega' \tag{6.24}$$

すなわち，

$$v_{wp} = (\omega_m - \omega')/(k_m - k') \tag{6.25}$$

とかける．$\varepsilon = \hbar\omega$ であるので，結局

$$v_{wp} = \left(\frac{d\omega}{dk}\right)_{\omega=\omega_m} = \frac{1}{\hbar}\frac{d\varepsilon}{dk} = v_g \tag{6.26}$$

となる．こうして，v_{wp} は 4.2 節で定義した群速度 v_g に等しいことが示された．ちなみに，$\omega = \hbar k^2/(2m)$ を上式に代入すると $v_g = \hbar k/m$ が得られる．これは $p = \hbar k$ から求めた電子の速度と一致する．

次に，結晶内にある電子に一様な電場 E が加えられた場合の運動について考えよう．5.4 節では自由電子について議論したが，ここでは電子はイオン殻によるポテンシャルの影響を受けており，そのエネルギーの k 依存性は図 6-2 (a) のようなバンドギャップを有する形をとると考える．微小時間 dt の間に電荷 e の電子になされる仕事 $d\varepsilon$ は

$$d\varepsilon = -eE v_g dt \tag{6.27}$$

となる．ここで左辺は (6.26) 式より

$$d\varepsilon = \frac{d\varepsilon}{dk} dk = \hbar v_g dk \tag{6.28}$$

である．電子にはたらくクーロン力を F とすると，上の 2 式より

$$dk = -\frac{1}{\hbar} eE dt = \frac{1}{\hbar} F dt \tag{6.29}$$

が導かれる．あるいはこの式を変形して

$$\hbar \frac{dk}{dt} = F \tag{6.30}$$

とかくこともできる．(6.30) は電子についての運動方程式とみることができる（電子の運動量の大きさは $\hbar k$ であることに注意）．

(6.26) 式を t で微分することにより，電子の運動方程式は次のようにかくこともできる．

$$\frac{dv_g}{dt} = \frac{1}{\hbar}\frac{d^2\varepsilon}{dt\,dk} = \frac{1}{\hbar}\left(\frac{d^2\varepsilon}{dk^2}\frac{dk}{dt}\right) = \frac{1}{\hbar^2}\frac{d^2\varepsilon}{dk^2}F \tag{6.31}$$

これをベクトル方程式の形でかくと，

$$\frac{d\mathbf{v}_g}{dt} = \left(\frac{1}{\hbar^2}\frac{d^2\varepsilon}{dk^2}\right)\mathbf{F} \tag{6.32}$$

となる．ここで

$$m^* = \frac{\hbar^2}{(d^2\varepsilon/dk^2)} \tag{6.33}$$

とおくと，

$$\mathbf{F} = m^*\frac{d\mathbf{v}_g}{dt} \tag{6.34}$$

となる．この式を Newton の運動方程式に対応させると，m^* は慣性をあらわすいわば見かけの質量とみることができる．そこで m^* を**有効質量**（effective mass）とよぶことにする．結晶中での周期的ポテンシャルにより束縛された電子の m^* は，一般に k に依存する．これは，電子が格子により散乱されることに由来する．このような電子と格子との相互作用は k に依存し，Bragg の反射条件を満たすとき最大となる．他方，三次元系の自由電子の場合は $\varepsilon = \hbar^2 k^2/(2m)$ であるので，$d^2\varepsilon/dk^2$ は k に依存せず一定であり，常に $m^* = m$ となる．結晶内の電子と自由電子についての m^*, v_g, ε の k 依存性を比較すると，図 6-7 に示すようになる．なお，v_g はクーロン力の方向を正にとることとする．この図をもとに外部電場が印加されたときの結晶内の電子の挙動を考察してみよう．k が 0 付近のときは電子と格子との相互作用はほとんどなく，電子の状態は自由電子のようにほぼ平面波であらわされる．このとき，$m^* \approx m$ である．k が増大するとともに電子はクーロン力の向きに加速され，v_g が増大する．k の増大とともに電子と格子との相互作用が大きくなり，その影響で v_g の増大が鈍り，m^* が急激に増大する．そしてついには電子は加速されなくなる．このとき，$d^2\varepsilon/dk^2 = 0$（エネルギー分散曲線の変曲点）であり，m^* は無限大となる．これは図 6-7 (a) の A と B に対応する．さらに k の大きな領域では，電子は負の m^* をもつようになり，電子はクーロン力とは逆方向へ加速され，v_g は k の増大とともに減少する．Brillouin ゾーンの境界では Bragg 反射のため v_g は 0 となる（定在波）．Brillouin ゾーンの境界を超えると電子の運動量の向きが反転する．これは電子が結晶格子との間で Bragg 反射という形で運動量のやりとりを行うと解釈できる．

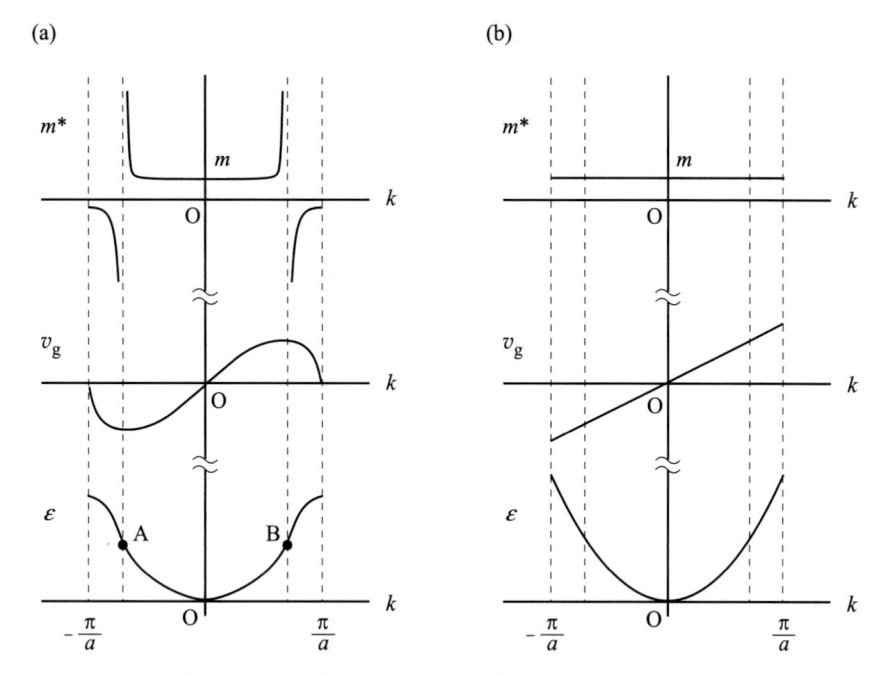

図 6-7 m^*, v_g, ε の k 依存性. (a) は一次元結晶格子内の電子, (b) は一次元自由電子の場合をあらわす. (a) の A, B はエネルギー分散曲線の変曲点をあらわし, このとき有効質量は無限大となる. また, Brillouin ゾーンの境界では $v_g = 0$ となる (定在波). 自由電子の場合は, 有効質量は常に静止質量に一致する.

Bragg 反射 (格子との衝突) により, 電子の波数は $k = \pi/a$ から $k = -\pi/a$ へと飛び移ることになる.

上の議論をふまえると, 三次元系の場合は一般に電子の加速度 $d\mathbf{v}_g/dt$ の向きは外力 $\mathbf{F}$ の向きと必ずしも一致しない. そのため, (6.34) 式の m^* はテンソル量でなければならない. この場合, 有効質量テンソルの成分は

$$\frac{1}{m^*_{i,j}} = \frac{1}{\hbar^2} \frac{d^2\varepsilon}{dk_i dk_j}, \quad i, j = x, y, z \tag{6.35}$$

であたえられる.

6.5 半導体

室温における電気抵抗が $10^{-2} \sim 10^9$ Ω cm 程度の物質を一般に**半導体** (semiconductor) という. 半導体はその電気伝導メカニズムにより**真性半導体** (intrinsic semiconductor) と**不純物半導体** (impurity semiconductor) に分類される. トランジスターや IC, LSI などの汎用の電子部品に用いられる半導体の多くは後者に属する. 真性半導体としては Si, Ge などの単一の元素からなるものや, GaAs, InSb, CdS, ZnS, SiC などの化合物半導体が知られている. これらの物質は絶縁体と同じように偶数個の価電子をもっているが, バンドギャップが絶縁

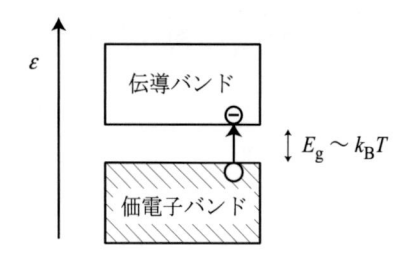

図 6-8 真性半導体のバンド構造．バンドギャップ E_g が小さいと，電子が価電子バンドから伝導バンドへと熱励起される．

表 6-1 室温における半導体のバンドギャップと誘電率 ε_c の値

半導体	E_g (eV)	ε_c
Si	1.11	11.7
Ge	0.66	15.8
GaAs	1.43	13.1
ZnSe	2.67	9.1

体よりも小さいため，ある程度の導電性を有する．図 6-8 に真性半導体のバンド構造を示す．また，いくつかの半導体のバンドギャップを表 6-1 に示す．図 6-8 中の電子によって満たされた下のバンドは**価電子バンド** (valence band)，その上の空のバンドは**伝導バンド** (conduction band) とよばれる．一般に半導体ではバンドギャップ E_g が小さいので，熱励起により電子が伝導バンドへと移ることができる．すなわち，$E_g \sim k_B T$ となっている．伝導バンドに移った電子は外部電場により励起され，電荷の運び手である**キャリア** (carrier) としてふるまうので，結果的に電流が流れる．真性半導体のこのような電気伝導を**真性伝導**，または**固有電気伝導** (intrinsic electric conduction) という．また，伝導バンドへと移った電子の跡には（状態の）抜け穴が生じる．この抜け穴は電子とは反対符号，つまり正の電荷をもった粒子のようにふるまい，これも外部電場下でキャリアとしてはたらく．すなわち，外部電場下では他の電子が抜け穴へと移動して新たな抜け穴が生じ，これを次々と繰り返すことにより，抜け穴自体が電子とは反対方向へと移動することになる．正の電荷をもった粒子のようにふるまうこの抜け穴を**正孔** (hole) という．

バンドの中に 1 個の正孔が存在する状態，すなわち完全に電子で満たされたバンドから電子が 1 個抜けた状態を考えよう．電子が抜ける前は，Brillouin ゾーンの対称性のためバンド全体の波数ベクトル $\mathbf{k}_T$（バンド中のすべての電子の波数ベクトルの和）は 0 であるが，波数ベクトル $\mathbf{k}_e$ の電子が 1 個抜けた状態では $\mathbf{k}_T = -\mathbf{k}_e$ となる．この波数ベクトル $-\mathbf{k}_e$ は，正孔が生じたために発生したとも考えることができる．いいかえると，正孔の波数ベクトル $\mathbf{k}_h$ は，

$$\mathbf{k}_h = -\mathbf{k}_e \tag{6.36}$$

とすることができる．次に，正孔のもつエネルギー ε_h はどうなるだろうか？ これは，正孔を1個生じさせるためのエネルギー，すなわち完全に満たされたバンドから電子を1個取り除くのに必要なエネルギーに等しいと考えてよい．バンドの上端のエネルギーを0にとると，

$$\varepsilon_h(\mathbf{k}_h) = -\varepsilon_e(\mathbf{k}_e) \tag{6.37}$$

となる．ところで，一般にバンド内のエネルギーは，一部の例外的な系を除くと $\mathbf{k}$ に対して対称的であることが知られている．すなわち，

$$\begin{cases} \varepsilon_e(\mathbf{k}_e) = \varepsilon_e(-\mathbf{k}_e) \\ \varepsilon_h(\mathbf{k}_h) = \varepsilon_h(-\mathbf{k}_h) \end{cases} \tag{6.38}$$

である．(6.37) と (6.38) より，$\varepsilon \sim k$ 曲線の曲率は正孔と電子とでは逆符号になることがわかる．すなわち，

$$\frac{d^2 \varepsilon_h}{d k_h^2} = -\frac{d^2 \varepsilon_e}{d k_e^2} \tag{6.39}$$

である．したがって (6.33) より，正孔の有効質量は

$$m^*_h = -m^*_e \tag{6.40}$$

となる．

さて最後に，不純物半導体の電気伝導メカニズムについて述べる．代表的な不純物半導体は，SiやGeのような4価の半導体に5価または3価の元素を不純物として微量だけ添加（ドープ）して得られる．前者はキャリア（電子）が負電荷をもつので**n型半導体**（n-type semiconductor），後者はキャリア（正孔）が正電荷をもつので**p型半導体**（p-type semiconductor）とよばれる．これらのバンド構造を図6-9に示す．5価の不純物としてはP，As，Sbなどが，3価の不純物としてはB，Al，Ga，Inなどがよく用いられる．SiやGeのような4価の元素の結晶は，ダイヤモンド構造をとる．これに微量の不純物元素をドープすると，結晶中に均一に分散し固溶体となる．このとき，不純物元素はダイヤモンド構造をほとんど乱すことなく結晶格子中に取り込まれる（結晶格子中の4価の原子と置き換わる）．実際の不純物半導体での不純物濃度は，SiやGeに対する原子数比で $10^{-9} \sim 10^{-11}$ 程度ときわめて低い．このような超低濃度のドーピングを行うには，あらかじめSiやGeを**帯域精製法**（zone refining）などにより，非常に高純度に精製しておく必要がある．

5価の不純物元素は**ドナー（供与体）**（donor）とよばれる．4価の半導体にドナーが添加されると，結合に寄与しない価電子が1個生じることになる（図6-9 (a)）．この余分の電子はドナーイオン殻のクーロンポテンシャルにより束縛されるが，その程度は例えば水素原子中の電子の受ける束縛よりもはるかに小さい．このようにドナーの添加により，伝導バンド

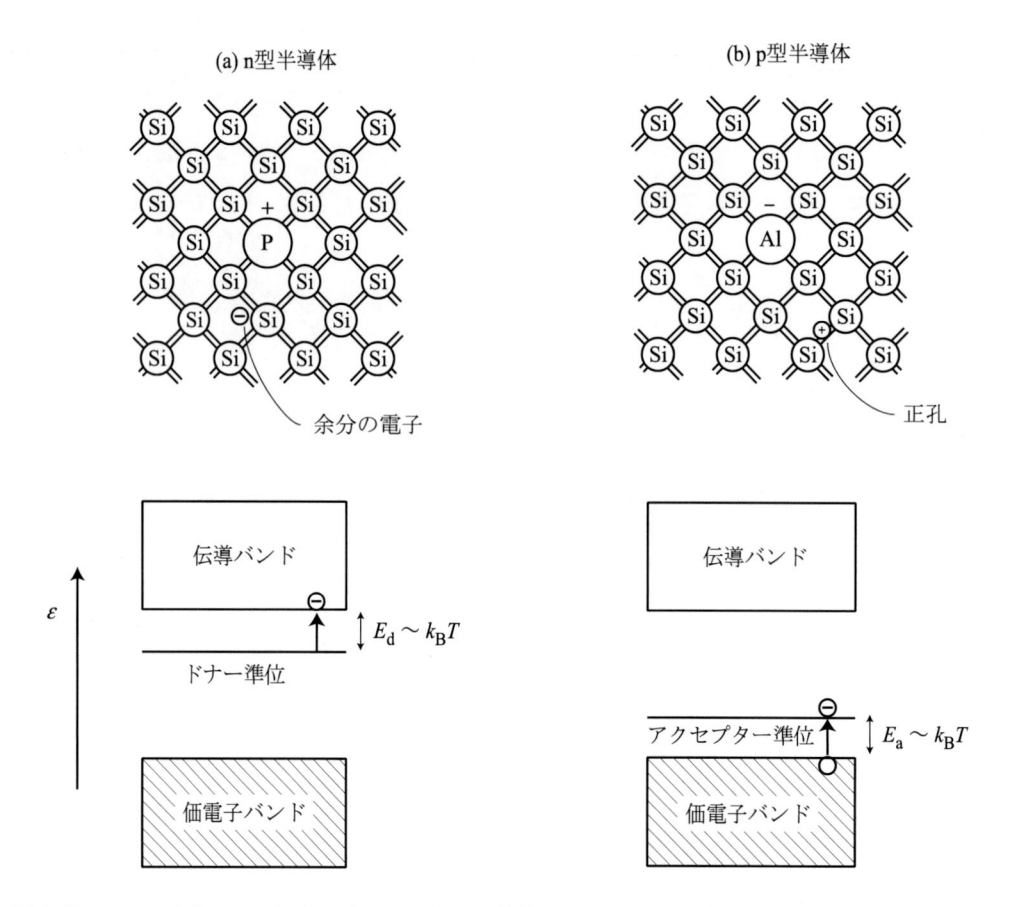

図 6-9 Si に P または Al をドープした不純物半導体とそのバンド構造．(a) n 型半導体では不純物準位はドナー準位であり，余分の電子がキャリアとなる．(b) p 型半導体では不純物準位はアクセプター準位であり，正孔（電子の不足部分）がキャリアとなる．

の最下端より E_d だけ下に新たに**ドナー準位**（donor level）が生じることになる（図 6-9 (a) 参照）．E_d はドナーイオン殻による**束縛エネルギー**（bound energy），または**イオン化エネルギー**（ionization energy）とよばれる．ドナー準位にある余分の電子は熱により容易に伝導バンドへと励起され，外部電場下ではキャリアとしてふるまう．さらに，ドナーイオン殻と電子との間にある物質（すなわち Si や Ge の結晶）がイオン殻との静電相互作用を遮蔽して弱めることになる．水素原子について考案された Bohr（ボーア）の理論を用いると，イオン殻による電子の束縛エネルギーを水素原子中のそれと比較できる．ここでは，上述の遮蔽効果は媒質となる Si や Ge 結晶の誘電率という形で理論中にあらわれる．SI 単位系を用いると

$$E_d = \frac{e^4 m^*}{2(4\pi \varepsilon_c \varepsilon_0 \hbar)^2} \tag{6.41}$$

となる．ここに ε_0 は真空の誘電率，ε_c は媒質（結晶）の誘電率である．一方，水素原子中の電子の束縛エネルギー E_H は

表 6-2 Si と Ge 中のドナーのイオン化エネルギー E_d

不純物	E_d (meV) Si	E_d (meV) Ge
P	45	12.0
As	49	12.7
Sb	39	9.6

$$E_H = \frac{e^4 m}{2(4\pi\varepsilon_0\hbar)^2} \tag{6.42}$$

であたえられる（m は電子の静止質量）．したがって，

$$\frac{E_d}{E_H} = \frac{m^*}{m\varepsilon_c^2} \tag{6.43}$$

となる．この式を用いて，Si と Ge についての E_d を見積ってみよう．Si については $m^* = 0.2m$, $\varepsilon_c = 11.7$（表 6-1 参照），Ge については $m^* = 0.1m$, $\varepsilon_c = 15.8$（表 6-1 参照），また $E_H = 13.6$ eV とすると，E_d は Si では 20 meV, Ge では 5 meV となる（1 meV = 10^{-3} eV に注意）．実際には有効質量はテンソル量であり，その異方性を考慮して計算したより正確な E_d の値は，Si で 30 meV, Ge で 9.1 meV と見積られている．いずれにしても E_d は E_H に比べてはるかに小さい．実測の E_d の値は，表 6-2 に示すように不純物元素に依存する．室温での $k_B T$ が 30 meV 程度であることを考えると，余分な価電子は室温で容易にイオン殻の束縛から逃れるだけのエネルギーを熱的に得て開放（放出）されることがわかる．5 価の不純物がドナー（供与体）とよばれるのは，このように電子を放出（供与）しやすいためである．

純粋な Si も半導体であり，固有電気伝導性をもつ．しかし，その室温でのバンドギャップは約 1.1 eV と室温での $k_B T$ の値よりかなり大きい．したがって，電子が伝導バンドへ熱励起される確率は低く，導電性はかなり低い．ところが，Si に例えば Sb を添加すると，$E_d = 39$ meV のドナー準位があらわれ，飛躍的に導電性が向上する．

上述の議論から，ドナーから供出された価電子は，水素原子中の電子と比べてかなり広い行動範囲をもつと考えられる．そして，外部電場が印加されると，価電子はドナーからドナーへとホッピング移動することになる．価電子の行動範囲の広さを確かめるには，ドナーの **Bohr 半径**（Bohr radius）a_d をしらべればよい．Bohr 半径とは，大雑把にいって原子核の中心からの電子の平均距離である．Bohr の理論によると，a_d は

$$a_d = \frac{4\pi\varepsilon_c\varepsilon_0\hbar^2}{m^* e^2} = \frac{\varepsilon_c m}{m^*} a_H \tag{6.44}$$

であたえられる．ここに a_H は水素原子の Bohr 半径，すなわち

表 6-3 Si と Ge 中のアクセプターのイオン化エネルギー E_a

不純物	E_a (meV) Si	Ge
B	45	10.4
Al	57	10.2
Ga	65	10.8
In	16	11.2

$$a_\mathrm{H} = \frac{4\pi\varepsilon_0 \hbar^2}{me^2} \tag{6.45}$$

である．$a_\mathrm{H} = 0.053$ nm とすると，Si については $a_\mathrm{d} = 3.0$ nm, Ge については $a_\mathrm{d} = 8.0$ nm となり，a_H に比べて非常に大きいことがわかる．

次に，4価の半導体に3価の元素を不純物として添加したp型半導体を考えよう．3価の不純物元素は**アクセプター（受容体）**（acceptor）とよばれる．この場合，アクセプターが4つの共有結合を作るためには電子が1個不足する．この不足を補うために他の共有結合から電子が移動してくると，移動元に正孔が生じる．移動先の電子の準位は**アクセプター準位**（acceptor level）とよばれ，価電子バンドの最上端より E_a だけ上に位置する（図6-9 (b)）．E_a は E_d と同様，E_H と比べてかなり小さいので，熱により容易に正孔が生じてこれが外部電場下でキャリアとなる．正孔は正電荷をもつので，アクセプターイオン殻に束縛される．E_a はこのような正孔の束縛エネルギー（アクセプターのイオン化エネルギー）と考えてもよい．表6-3に E_a の実測値を示す．これらの値はやはり室温での $k_\mathrm{B}T$ の値（約 30 meV）と同程度である．外部電場下での正孔は，n型半導体での余分な価電子と同様にアクセプター間をホッピングしながら移動する．正孔が移動する素過程は，電子が正孔へ（価電子バンドからアクセプター準位へ）飛び移ってその抜け跡が新たな正孔になるというものである．

演習問題

6.1 電子の一次元の波動関数が $A\exp(ikx)$ のような進行波であるとき，電子密度 ρ はどうなるか？

6.2 一次元格子中の電子波が定在波である場合，群速度は0である．このとき，$d\varepsilon/dk = 0$ であることを示せ．

6.3 一辺の長さが L の立方体の結晶がある．この結晶の単位格子は一辺が a の単純立方格子であり，各格子点上にのみ1価の原子が1個ずつ並んでいる．以下に答えよ．
   (a) この結晶中の原子の総数はいくらか．L と a であらわせ．

(b) この結晶の **a*–b*** 平面の逆格子図（波数空間の格子図）を描け．

(c) (b) の逆格子図中に第一 Brillouin ゾーンを示せ．

(d) 第一 Brillouin ゾーンの内部，および境界にある電子は，それぞれどのような性質の波とみなせるか？

(e) 第一 Brillouin ゾーン内の電子の状態数は，スピンを考慮するといくらか？ L と a であらわせ．

(f) この結晶の導電性について論ぜよ．

6.4 自由電子について $m^* = m$ であることを示せ．

6.5 格子定数が a の単純立方格子内に 2 個の価電子を有する単原子結晶がある．温度は 0 K として以下に答えよ．

(a) この結晶中のバンド構造を略図で示せ．

(b) この結晶は絶縁体，金属，半導体，半金属のいずれである可能性があるか？ できるだけ詳しく説明せよ．

(c) この結晶中で最も高いエネルギーをもつ価電子の波数の大きさはいくらか？

参考書

固体物理学関係の教科書や専門書は数多くあるが，ここではそのうちのいくつかを紹介する．本書では充分説明できなかった部分の理解を深めたり，さらに高度な内容について習得するのに役立ててほしい．

1．固体物理学全般

1) C. Kittel : Introduction to Solid State Physics, 8th ed.; Wiley & Sons, Inc., New York 2004.
   （邦訳）キッテル：『固体物理学入門 上，下』第8版（宇野良清 他訳）丸善 2005.
   物理系の学生を対象とした固体物理学のもっとも有名な教科書の1つである．信頼できる教科書であり，また数値データも豊富である．しかしながら，化学系の学生には少し難解かもしれない．できるだけ原書（英語版）で読まれることをお勧めする．

2) 岡崎　誠：『固体物理学－工学のために』裳華房 2002.
   学部レベルの日本語の教科書は数多くあるが，例えばこの本は重要な概念がわかりやすく丁寧に説明されていて読みやすい．

3) 斉藤　博 他：『入門 固体物性－基礎からデバイスまで』共立出版 1997.
   前半は固体物理学の基礎的事項の要点がまとめられている．後半はデバイスへの応用や超伝導など多彩な内容が網羅されている．

4) 沼居貴陽：『固体物理学演習』丸善 2005.
   演習問題とその丁寧な解答が示されていて，自習書としても適している．

2．X線回折，結晶構造解析

5) カリティ：『X線回折要論（新版）』（松村源太郎訳）アグネ承風社 1980.
   X線回折の入門者用の教科書としてよく知られている．

6) 仁田　勇 監修：『X線結晶学（上，下）』丸善 1959, 1961.
   2巻からなるX線結晶学の大著で，高度な内容まで網羅的に記されている参考書である．

3．量子力学

7) 朝永振一郎：『量子力学 I，II』みすず書房 1969．

　数ある量子力学の教科書の中で，この本はとくに物理的意味の説明が充実しているという点でお勧めしたい．量子力学の諸概念をより正しく理解するのに役立つだろう．

4．その他

8) アトキンス：『物理化学 上，下』第 6 版（千原秀昭・中村亘男訳）東京化学同人 2001．

　化学系専攻で用いられるよく知られた物理化学の教科書であるが，固体物理学関連の内容も含まれている．例えば，第 11, 12 章は量子論を理解する助けになるだろう．第 13, 14 章は本書で割愛した化学結合論の内容になっている．また，バンド理論の節（14.10）も参考になろう．第 21 章は本書の第 2, 3 章の理解に役立つだろう．

9) 近藤　保 編：『大学院講義 物理化学』東京化学同人 1997．

　大学院生向けの物理化学の教科書であるが，説明は丁寧である．第 11 章以降は固体物理学の内容である．

10) 木暮嘉明：『フォノンとは何か』丸善 1988．

　格子振動，フォノンに絞ってわかりやすく解説している入門者向けの縦書きの本である．

基本物理定数の値 (from CODATA Recommended Values 2006)[1]

物理量	記号	数値
Planck 定数	h	$6.626\,068\,96(33) \times 10^{-34}$ J s
	$\hbar = h/(2\pi)$	$1.054\,571\,628(53) \times 10^{-34}$ J s
光速度	c	$2.997\,924\,58 \times 10^{8}$ m s^{-1}
電気素量	e	$1.602\,176\,487(40) \times 10^{-19}$ C
電子の静止質量	m	$9.109\,382\,15(45) \times 10^{-31}$ kg
Boltzmann 定数	k_B	$1.380\,650\,4(24) \times 10^{-23}$ J K^{-1}
Avogadro 数	N_A	$6.022\,141\,79(30) \times 10^{23}$ mol^{-1}
気体定数	R	$8.314\,472\,(15)$ J K^{-1} mol^{-1}
1 電子ボルト	eV	$1.602\,176\,487(40) \times 10^{-19}$ J

1) P. J. Mohr and B. N. Taylor, http://www.physicstoday.org/guide/fundcon.html

索引

あ行

Einstein の特性温度　44
Einstein モデル　43
アクセプター　82
アクセプター準位　82
イオン化エネルギー　80
位相速度　47, 74
井戸型ポテンシャル　13, 56
Wigner-Seitz セル　17, 39
X 線回折　30
n 型半導体　79
エネルギー固有値　14
エネルギー分散関係　69
エルミート多項式　43
塩化セシウム構造　27, 28
塩化ナトリウム構造　27
オームの法則　63
音響分枝　50

か行

回映　18
回転　18
回反　18
化学ポテンシャル　15, 61
角振動数　7
価電子バンド　78
還元領域表示　71
基本単位格子　16
基本並進ベクトル　16
逆格子　31
逆格子空間　32, 38
逆格子図　38, 39
逆格子ベクトル　31, 32
キャリア　78
鏡映　18
供与体　79
許容バンド　69
禁制バンド　70
群速度　47, 74
原子散乱因子　40
光学分枝　50
格子　16

格子振動　42
格子定数　17
格子点　16
格子面　22
構造因子　40
固有電気伝導　78

さ行

散乱ベクトル　35
仕事関数　59
周期的境界条件　57
自由電子気体　56
縮退　59
縮退度　59
受容体　82
Schrödinger 関数　8
Schrödinger 方程式
　　時間に依存しない＿＿　12
　　時間に依存する＿＿　11
状態密度　60
消滅則　41
真性伝導　78
真性半導体　77
振動子　42
スカラー三重積　17
正孔　78
絶縁体　72
閃亜鉛鉱構造　27, 28
束縛エネルギー　80, 82
Sommerfeld のパラメータ　62
Sommerfeld のモデル　56

た行

帯域精製法　79
第一 Brillouin ゾーン　39, 48, 68, 69
第 n Brillouin ゾーン　68
対称操作　18
体心立方格子　24, 25
ダイヤモンド構造　26, 27
縦波　45
単位格子　17
単位格子ベクトル　16
単位胞　17
弾性散乱　34
弾性波　45
調和振動子　43

T^3 法則　43, 52
定在波　12
Debye 温度　52
Debye モデル　52
Dulong-Petit の法則　42
電気伝導度　63
点格子　16
電子ボルト　60, 86
伝導バンド　78
ドナー　79
ドナー準位　80
de Broglie 波　7
Thomson 散乱　34
ドリフト移動　63
ドリフト易動度　63
ドリフト速度　63

な行

熱伝導率　53
熱容量　42, 62

は行

Heisenberg の不確定性原理　9
Pauli の排他原理　15, 57
波数　7
波数ベクトル　9
波束　74
波動関数　8
波動ベクトル　9
ハミルトニアン　11
半金属　73
反転　18
バンド　69
半導体　77
バンドギャップ　69, 78
バンド構造　67
バンド理論　67
p 型半導体　79
Fermi エネルギー　59
Fermi 温度　59
Fermi 気体　56
Fermi 球　59
Fermi 準位　59
Fermi 速度　59
Fermi-Dirac 分布関数　15, 61
Fermi 半径　59

Fermi 面　59
Fermi 粒子　15
フォノン　52, 53, 63
不純物半導体　77
物質波　7
Bragg の反射条件　31, 37, 38, 49
Bragg 反射　31, 37, 49, 67, 76
Bravais 格子　19, 21, 22
Planck 定数　7, 86
Bloch 関数　70
Bloch の定理　70
分散　49
分散関係　49, 51, 74
平均自由行程　53, 64
平均自由時間　53
並進　18
平面波　9
変数分離法　12
方向指数　24
Bohr の理論　80
Bohr 半径　81
Bose-Einstein 分布関数　15, 44, 52
Bose 粒子　15, 52
Boltzmann 因子　44
Boltzmann 分布　44

ま行

Maxwell-Boltzmann 分布関数　15
Miller 指数　22
面形　24
面心立方格子　25

や行

有効質量　76, 79
横波　45

ら行

Laue 関数　37
Laue 方程式　37
量子数　14
量子統計力学　14
零点振動　43
連成振動　45
六方最密構造　26

■著者紹介

佐々木　隆（ささき　たかし）
　　1983 年 京都大学工学部卒業，1988 年 京都大学
　　大学院工学研究科博士課程修了
　　日本合成ゴム株式会社研究員，福井大学工学部
　　助手，Wisconsin 大学博士研究員等を経て，
　　現在，福井大学大学院工学研究科教授．工学博士

固体物理学序論
― 化学系，材料系の学生のために ―

2008 年 3 月 10 日　初版第 1 刷発行
2013 年 4 月 3 日　初版第 2 刷発行
2021 年 9 月 20 日　初版第 3 刷発行

■著　　者────佐々木　隆
■発 行 者────佐藤　守
■発 行 所────株式会社　大学教育出版
　　　　　　　　〒700-0953　岡山市南区西市 855-4
　　　　　　　　電話 (086)244-1268 (代)　FAX (086)246-0294
■印刷製本────ＰＰ印刷㈱
■装　　丁────原　美穂

ⓒ Takashi Sasaki 2008, Printed in Japan
検印省略　落丁・乱丁本はお取り替えいたします。
無断で本書の一部または全部を複写・複製することは禁じられています。

ISBN978 - 4 - 88730 - 817 - 6